「時間」はなぜ存在するのか

最新科学から迫る宇宙・時空の謎

吉田伸夫

SB新書
656

はじめに　何もない場所に時間は流れる？

「時間の流れって何だろう」――そんな疑問が浮かんだことはありませんか？「自分が生まれる前も死んだ後も、あるいは、何百億光年の彼方でも、時間は流れているんだろうか」と。同じような疑問を抱いた人は、昔からいました。

古代の哲学者たちを悩ませた難問の一つが、次の問いです。

「何もない場所に時間は流れるのか？」

多くの人は、時間の流れを変化と結びつけてイメージするでしょう。何かが変わりつつある場合、そこに時間の流れがあると考えるのがふつうです。時間が流れるからこそ変化が生じるのであり、変化があるのは時間が流れる証拠だという考え方です。

それでは、いかなる物質も存在しない、したがって、どんな変化も起こりえないような場所の時間については、どう考えたら良いのでしょうか。

例えば、宇宙空間はどうでしょう? 太陽から1光年(約10兆キロメートルで、海王星までの距離のおよそ2000倍)も離れると完全な真空と呼びたくなるほど何もありませんが、それでも希薄なガスが漂っており、1立方メートルの体積の中に100万個くらいの原子は存在します。しかし、銀河系(天の川銀河)からもアンドロメダ銀河など他の銀河からも離れた地点では、平均して1立方メートルに数個程度の原子しかありません。何メートルかの範囲にわたって原子が1個もない領域もあるでしょう。原子がなければ、時間も流れないのでは?

遠くの銀河が見えるならば、たとえ原子がなくても、「光が伝わってくる」という物理的な変化が生じています。それなら、時間が流れていると思われるかもしれません。でも、今から何兆年か経つと、銀河に属していた大半の恒星が燃え尽きて光を失います。さらに、宇宙空間が膨張して銀河同士の間隔がどこまでも広がるので、周囲を見渡しても銀河が一つも見当たらない領域が生じます。そこには一筋の光もなく、文字通り漆黒の闇に閉じ込められています。温度も極限まで下がり、もはや何かが起きることなどまったく期待できません。

さて、そんな場所に時間は流れているのでしょうか。

実は、現代の物理学はすでに、この難問を解決しています。

「時間は流れるの？　流れないの？」と気になった読者の皆さん、ごめんなさい。問いに答えたのではなく、問いそのものを斥《しりぞ》けたのです。

「何もない場所など存在しないし、そもそも時間は流れていない」

これが、現代物理学が出した結論です。

この結論が何を意味するかは、本書でおいおい明らかにしていきますが、ごく簡単に言ってしまうと、原子1個すらないような宇宙空間にも物理現象の担い手が存在しており、この担い手の一要素として、あらゆる場所に固有の時間があるのです。

流れない時間など、ひどく奇妙に思えるかもしれません。人間は生まれたその日から時間とともに生きているにもかかわらず、時間とは何かを、なかなか理解できないのです。

人間にとって時間は謎であり、何とか手がかりを得ようとしてなのでしょう、無数の言説が飛び交っています。科学者や哲学者だけではなく、文学者や芸術家も独自の言葉で時間を語ります。特に、SFと呼ばれる分野では、小説や映画など各種のメディアを通じて、時間をテーマとする作品がいくつも作られました。ちなみにSFとは、もともと「サイエンス・フィクション（科学小説）」の頭文字でしたが、現在では、「スペキュレイティブ・フィクション（思弁小説）」など幅広い分野を総合したものとなっています。

SFの中には、そのままでは科学的に受け入れがたい記述も見られます。例えば、大ヒットした映画『バック・トゥ・ザ・フューチャー』では、スポーツカー・デロリアンを高速走行させながら搭載したタイムマシンに1・21ギガワット（映画の中では「ジゴワット」という架空の単位）の電力を供給すると、〝現在〟から消滅して30年前に突如出現するさまが描かれましたが、この程度のエネルギーで時間を操ることは不可能です（本書第1章では、地球の内部にある全エネルギーを使っても、一日あたり10億分の何秒という時間しか変わらないことを示しました)。

しかし、そんな些末な点を気にする必要はないでしょう。重要なのは、多くの人が時間に関心を持ち、過去や未来に飛躍することは可能なのか、時間が巻き戻せるなら何をしたいかといった疑問に向き合ったことです。

本書では、物理学が明らかにした時間の性質だけにとどまらず、SF作家が想像力の限りを尽くしてイメージ化した時間の不思議についても、(主に各章の終わりで)取り上げたいと思います。科学が答えを出せたものも出せなかったものも含めて、時間の謎に迫るきっかけになれば幸いです。

2024年5月

吉田伸夫

「時間」はなぜ存在するのか　最新科学から迫る宇宙・時空の謎◎もくじ

第1章　時間はどこにあるのか

1. 硬直したニュートンの時間

2. 時間の伸び縮みが重力を生む

3. 柔軟なアインシュタインの時空

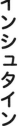

第2章　「流れる時間」という錯覚の起源

1. 始まりの謎

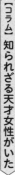

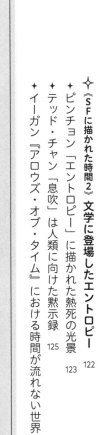

第3章 循環する時間、分岐する時間

1．循環する時間

第4章 いきものの時間、人間の時間

1. 物質世界も進化する

2. 生命誌から見た時間

3. 人間にとって時間とは

第5章 時間の終わり

第1章

時間はどこにあるのか

時間の本質を考える手がかりとして、近代科学が誕生して以来、科学者たちが時間とどう向き合ってきたかを振り返ってみましょう。ここで注目するのは、近代科学の礎を据えたニュートンと、近代から現代への橋渡しを行ったアインシュタインという、二人の天才の発想です。

ニュートンは、重力の謎を解くために、宇宙空間が何もない真空であり、天体はまったく抵抗を受けずに動いていると仮定しました。こうした運動を時間変化の式として確実に記述する必要に迫られて、物質的な現象から切り離された形式的な時間――いわゆる《絶対時間》――を導入したのです。ニュートンが提案した運動法則の式では時間が共通の変数として使われますが、「これは世界中で使える絶対時間のことだ」と主張すれば、時間変数とは何かをいちいち説明しなくても済みます。

一方のアインシュタインは、ニュートンの重力がどんなに遠方でも一瞬にして伝わることを奇妙だと考えました。そこで（後に示すエレベータを用いた）思考実験に基づいて熟考した結果、時間が重力の伝播に本質的な役割を果たすと気がつきます。時間は、どこでも使える共通のものではなく、場所によって尺度が異なっており、その差異によって重力現象を引き起こすリアルな存在だったのです。

ニュートンとアインシュタインの間に見られる見解の相違は、単に時間だけの問題ではなく、世界観の根幹に関わるものでした。近代的な原子論から現代的な場の理論への進展を象徴的に表していたのです。この第1章では、「原子論から場の理論へ」という流れを、「硬直したニュートンの時間」「時間の伸び縮みが重力を生む」「柔軟なアインシュタインの時空」という3つのセクションに分けて、段階的に説明します。

1. 硬直したニュートンの時間

天界と地上の時間は同じものか？

現代人は、正確に時を刻む時計に囲まれて生きています。さまざまな社会活動、例えば、電車の運行、会社や商店の営業、学校での授業、テレビ・ラジオ放送などが、時計の示す時刻を基に進められます。

国際的には、原子時計で計測された時間系列に基づく「協定世界時（Universal Coordinated Time; UTC）」が定められ、全世界で使う共通の時刻となっています。日本の場合、時差に相当する9時間分だけ協定世界時を進めたもの（UTC＋9）が、日本標準時として採用されました。インターネット上では、タイムサーバと呼ばれるコンピュータが標準時を配信しており、電子商取引の契約時刻などを確定するのに使われます。

こうした状況なので、どこでも協定世界時という単一の時間が（時差の調整を別にすれば）通用し、さまざまな出来事は、時間の経過につれて規則的に生起するのが、当たり前に思えるかもしれません。

しかし、近代以前の社会では、こうした考え方は必ずしも一般的ではありませんでした。

天界における太陽や月、恒星ならば、古代文明の成立期に、すべてが歩調を合わせるように動くと認識されていました。惑星については、必ずしも一定のスピードではない不規則な動き方をする（だから「惑う星」）ことが知られていましたが、古代ローマのプトレマイオスら観測データを詳細に調べた天文学者が、うまい解決策を見つけました。簡単に言えば、中心が一定の速度で円軌道を描く円盤があり、この円盤が一定速度で回転していれば、円盤上にある物体は観測される惑星と同じ動きをするというものです（天界に円盤が実在するかどうかは、意見が分かれていました）。ヨーロッパやアラブ、インドなど一部の文明圏では、こうして、惑星を含む星々の運動は、天界に流れるただ一つの時間に規定されるという見解に達したのです。

星の世界が厳格な時間の規則に従うのに対して、地上の出来事は、それほど硬直的ではありません。太陽の動きに追随して昼夜の交代や季節の移り変わりが実現されるものの、気温の上下や植物の生長は、かなり緩やかな枠の中で揺らぎながら推移しているように見えます。地上の時間は、天界の時間のような厳格な規則性を持たないと考えられても、不思議はありません。

しかし、17世紀初頭、地上における運動も、摩擦や空気抵抗などの攪乱《かくらん》要因を極限まで取り除けば、天体の動きと同様に時間に対する厳格な規則性を持つというアイデアが提出されました。ガリレオによって踏み出された、近代科学の第一歩です。

ガリレオは精密実験を目指した

ガリレオ・ガリレイ（1564－1642）は、木星の衛星（ガリレオ衛星）や振り子の等時性など、さまざまな科学的発見を行いました。そうした中で、物理学的な世界観を作り上げるために特に重要なのが、「落体（＝自由落下させた物体）の法則」の発見です。

静止状態から落下させた物体がどのような運動をするのか、古代から議論の的になっていましたが、「重い物の方が軽い物より速く落ちる」とか、「落下距離は落下時間に比例する」といった、誤った主張が少なくありませんでした。ガリレオは、いたずらに哲学的な考えを巡らすのではなく、さまざまな工夫を凝らした実証的な実験を行うことで、真の法則を模索しました。

当時は、正確な時間を計るのが難しいという制約がありました。振り子時計は精度が低く、正確さを要求される実験に不向きでした。ひげゼンマイ（薄い金属の帯をゼンマイ状に巻いたバネ）の振動周期が一定になる性質を応用して、比較的正確な時計が製作されたのは、17世紀後半になってからです。落体実験の際にガリレオが利用できたのは、容器内の水を蠟付けした管を通して滴下させ、溜まった水量から時間を推定する水時計だけでした。

そこでガリレオは、自由落下を直接調べるのではなく、溝を彫った角材を斜めに設置し、溝に沿って球が転がり落ちるケースに的を絞りました。傾斜角を小さくすれば、スピードが遅くなって転がる時間が長くなり、水時計の不正確さに起因する実験誤差を抑えられるからです。

さらに、溝の表面に磨いた羊皮紙を貼り付けたり、転がす物体をできるだけ完全な球に近づけたりして、摩擦が小さくなるように工夫しました。初期の実験では、木や石などの落下も調べたようですが、正確さが要求される斜面の実験では、比重の大きい金属の小球（主にブロンズ製）を使って、誤差を最小限にしています。可能な範囲で最高度の精密実験を行った訳です。

当時、すでに帆船や風車が普及しており、複雑な空気の流れが運動物体にかなりの影響を与えることがわかっていました。また、馬車や粉ひき機なども広く使われていたので、物体間の摩擦が不規則な動きをもたらすことも知られていたはずです。ガリレオは、運動に不規則さをもたらすこうした攪乱要因を除いていくと、現象の根底にある単純な法則があらわになると考えたのです。

ガリレオ、落体の法則を発見

空気抵抗や摩擦の影響をできるだけ除去した上で、実験を（ガリレオの言によれば、設定ごとに「100回はたっぷりと」）繰り返したところ、一つの傾向がはっきりしてきました。斜面を転がり落ちるブロンズ球は、時間に比例するように速度を増したのです。ある傾斜角の斜面を転がる場合、速度を増す割合は、ブロンズ球の重さによらず一定になりました（本当のことを言えば、この実験で速度を直接測定することはできず、速度が時間に比例すると仮定したときの予測値を実験データと比較したのですが、話を回りくどくしないために、ここでは速度が測れたものとします）。

スピードが速すぎるせいもあって、ガリレオは、空中を自由落下させたときの速度変化は調べませんでした。その代わり、傾斜角を増やすと速度の増加割合が大きくなることから、傾斜角を90度に近づけたときの極限として、落体の法則を推論したのです。簡単にまとめると、次のようになります。

「空気抵抗や摩擦が充分に小さいならば、自由落下させたときの速度は、物体の質量によらず、落下時間に比例する」

ここで質量とは「物質の量」に相当し、地上付近に限定すると「重さ」の値と一致します。ガリレオの時代には知られていませんでしたが、重さは場所によって異なり、質量が1キログラムの物質は、地上では重さが1キログラム重なのに対して、月面では6分の1キログラム重になります（科学的な表記の場合、質量ではなく重さであることを示すため、キログラムの後に「重」と付け加えます）。

現在の実用単位を使うと、落下速度は、1秒間に秒速10メートルずつ増えることがわかっています（正確には、秒速9・8メートルですが、わかりやすいように10とします）。つかんでいた手を離して物を落とすとき、最初の瞬間には速度がゼロですが、1秒後には秒速10メートル、2秒後には秒速20メートル、3秒後には秒速30メートルと加速されていきます。ある経過時間に対する速度の増分を加速度と呼ぶことにすると、落下運動のように常に一定の割合で速度が増える運動は「加速度が等しい運動」、すなわち「等加速度運動」です。

ガリレオ自身は、主にブロンズ製の小球で実験を行いましたが、鉛など他の素材で実験しても、同じ結果が得られます。落下運動における速度増加は、質量だけでなく素材によっても変わらなかったのです。

ただし、この「落体の法則」は、空気抵抗や摩擦がないという理想的な状況でしか成り立ちません。現実の世界で物体を落下させると、はじめのうちは加速されるものの、空気抵抗があるため、ある段階で加速が止まってしまいます。最終的な速度に限れば、「重いものほど速く落ちる」という経験則が成り立ちます。

もちろん、ガリレオもこのことを理解していました。自分の見いだした落体の法則は現実には成り立っていないが、それは、この法則が間違いだからではなく、現実世界の側に、単純な基礎法則を覆い隠すさまざまな攪乱要因があるからなのだ――そう直観したのではないでしょうか。

ケプラーが見いだしたダイナミックな惑星運動

ガリレオ以前、「星々は時間の流れとともに規則的な運動をするが、地上の現象はそうではない」と思われていました。しかし、落下速度が時間に比例するという落体の法則は、地上の現象も時間に対する厳格な規則性を有することを示唆します。

興味深いことに、星々の運動も、一定の速さで円周を回るという機械的な動きではないことが、ガリレオと同時代の天文学者ケプラーによって発見されました。天界の現象も、地上を思わせるダイナミックなものだったのです。

ヨハネス・ケプラー（1571－1630）は、肉眼で観測を行った最後の世代に属する天文学者ティコ・ブラーエのデータを使って、火星の軌道が円でないことを見いだしました。ただし、実際の軌道がどんなものかを確定する作業は、困難を極めました。火星の観測データは、それ自体が動く地球から見たときの方位しか示していないからです。そこで、確実な証拠がなかったにもかかわらず、面積速度一定の法則を前提として計算を進めたところ、すべてのデータが楕円軌道を仮定したときの予測値と一致するこ

図1-1　面積速度

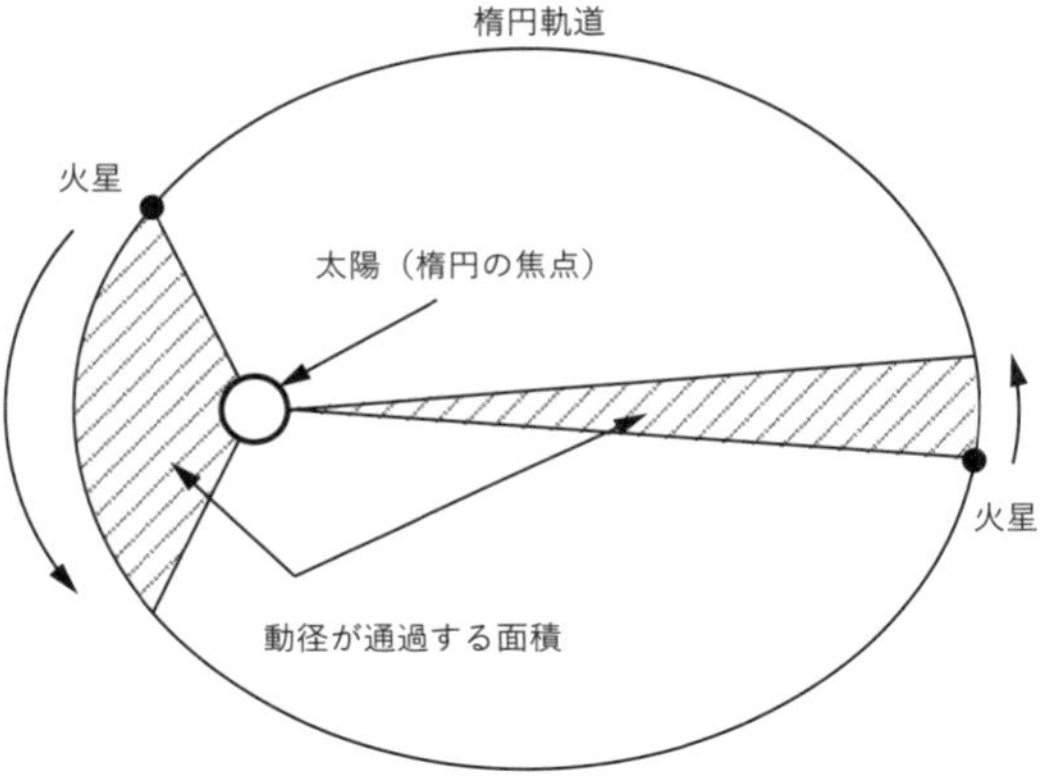

とを見いだしたのです。

面積速度とは、惑星と太陽を結ぶ線分（科学用語で動径）が単位時間に通過する面積のことです。火星が楕円に沿って運動する場合、面積速度が一定だと仮定すると、太陽の近くでは軌道上を速く、遠くでは遅く動くことになります。ケプラー自身は、運動の素になるエネルギーが太陽から供給されると（誤って）考えたようですが、星々の運動がダイナミックに変動することを明らかにした点で、画期的な成果でした。

ところで、現在では不思議に思えますが、ガリレオは、この成果をケプラーから書簡で知らされながら、否定的な反応を示しました。彼は、外部から力が加わらないとき物体は円運動するという「円慣性」の考えを採用しており、惑星が楕円のようなゆがんだ軌道を描くとは信じられなかったのです。

落体の法則や面積速度一定の法則は、天界でも地上でも、根底にある基礎法則が時間に関する単純な数式で表されることを示唆します。こうして、「天界と地上の現象が、同一の普遍的法則に支配される」という近代科学の世界観が準備されたのです。

動力学を開発したニュートン

17世紀はじめ、力が釣り合って動かない状態を扱う「静力学」が、梃子《てこ》や滑車への応用を通じてかなり高度な水準に達していたのと比べると、運動物体に関する「動力学」は、まだまだ未熟でした。ところが、落体の法則や面積速度一定の法則は、落体や惑星が行う一見複雑そうな運動が、時間変化に対する簡単な数式に従っていることを示しています。物体の運動に関する一般的な法則も、同じように簡単な数式を使って表せるのではないか——そんな期待に応えたのが、ガリレオの死から1年を経ずして生を享《う》けたアイザック・ニュートン（１６４２－１７２７）です。

ニュートンの最大の発見は、「重力とは離れていても作用する力だ」と見抜いたことです。日本語で「重力は力だ」と言うと冗語に聞こえますが、英語で重力を意味するgravityは、「墓grave」などと語源を同じくしており、「重々しさ」「厳粛さ」を表します。天動説では地球が宇宙の中心であり、土や金属などの物質は、この中心に向かって沈み込む性質があるという考え方です。すでに地動説が普及した時代を生きたニュートンは、こうした考え方に反発し、物体が落下するのは、物に宿る性質ではなく、重力という力のせいだと洞察したのです。

これ以前、力と見なされていたのは、物体同士が接触したときに作用する衝撃力と、物体を取り囲む液体・気体からの圧力の2種類でしたが、さらに、離れていても作用する重力を加えた訳です（ニュートンは、中心に向かうように作用する力という意味で、「向心力」という言い方をしています）。地上での重力は、地球が物体を中心に引き寄せる力と見なされます。

ひもを付けて物体が落ちないように支える場合、重さと等しい力で引っ張る必要があります。重さを重力という力の作用と見なすと、引っ張る力と静力学的な釣り合いの関係にあるので、重力の大きさは重さに等しく、したがって質量に比例することがわかります。ひもを切って落としたとき、物体が落体の法則に従って等加速度運動するのは、質量に比例する力に引っ張られた結果だと考えられます。

ニュートンは、こうした落体の法則が、一般的な動力学の法則の特殊なケースだと直観しました。重力の大きさは質量に比例しますが、落下の加速度は質量によらずに一定なので、（余分な係数が付かないように単位を揃えれば）加速度は重力を質量で割った値と一致します。この性質が、落下以外の運動でも成り立つ一般的なものだと仮定すると、「運動物体の加速度は力を質量で割った値と一致する」ことになります。これが、「ニュートンの運動法則」です。

この法則によると、力が働いていないときは加速度が生じないので、物体は、最初の速度を保ったまま等速度運動することになります。力がないと最初の速度が保たれるという性質を、「慣性の法則」と言います。

ニュートン以前には、力が釣り合う場合の議論はできても、力を受けながら動く物体については何も言えませんでした。ニュートンは、落体の法則を一般的なケースに拡張することで、運動物体に重力以外の力が加わった場合でも、速度が刻々と変化する過程が簡単な数式で記述できると主張したのです。

月はなぜ落ちてこないか

17世紀後半になると、「星々は円周に沿って等速で動く」といった幾何学的な考えは廃れますが、惑星が太陽の周囲を公転するメカニズムは不明なままでした。この問題を解決したのが、ニュートンの理論です。

ニュートンのすごさは、実験・観察によって得られた個別的なデータを、普遍的な法則へと昇華させる能力にあると思います。彼は、地表近くで物体を落下させる力として想定された重力が、宇宙空間にまで到達し天体の運動を支配すると見なしたのです。

地表付近の物体は、落体の法則に従って落下します。重力が離れていても作用する向心力ならば、地球の近くにある月も重力を受けるはずです。なのに、落下することなく、地球から同じ距離（38万キロメートル）を保ちながら円運動を続けています。なぜ月は落ちてこないのでしょうか。

この問いに答えるために、ニュートンは、高い塔から物体（例えば砲弾）を水平に打ち出すという思考実験を提示しました。思考実験とは、器具を用いて現実に行う実験ではなく、頭の中で推論を積み重ねて行う仮想的な実験のことで、現実には実現できないような環境を想定することが許されます。塔から物体を打ち出す実験の場合、実際に行

図1-2　落ちない砲弾

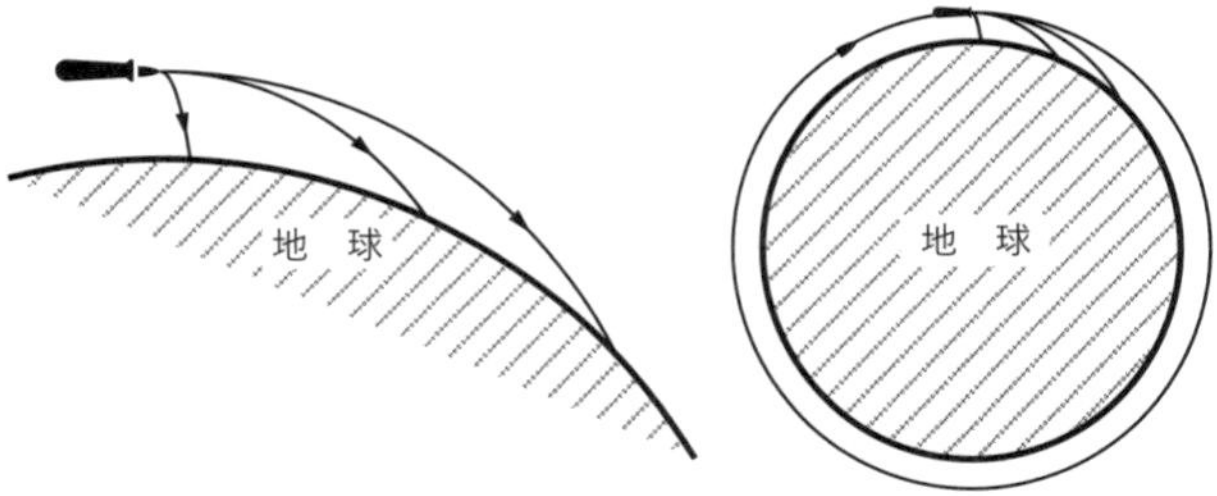

おうとしても、空気抵抗のせいでうまくいきませんが、ガリレオが落体の法則を発見したときの方法論にならって、空気抵抗がゼロという理想的な条件下で行うことを考えます。

水平に打ち出すときの初速が小さいとき、物体は放物線を描いて塔の近くに落ちます。放物線とは、鉛直方向（重力が作用する方向）には落体の法則に従って等加速度運動し、水平方向には初速を保つ等速度運動をするときの軌道です。

初速を増していくと、しだいに塔から離れた地点に落下するようになります。物体が進むにつれて地球の中心に向かう重力の向きが変わるため、軌道も放物線からずれてきます（きちんと計算すると、楕円の一部になることがわかります)。

こうして初速を増大させると、ある段階で、水平方向に動きながら落下するときの軌道のカーブが、地表のカーブとちょうど一致するようになります。こうなると、地表からの高さは常に一定に保たれ、投げ出した物体は、地球をぐるりと一周して、元の塔まで戻ってきます。

ニュートンは、月が地球の周囲を公転する理由として、これと同じような運動が実現されるからだと考えました。地球の中心に向けて引っ張る向心力が、持続的な円運動を可能にしたのです。

重力は離れても作用する力と仮定しましたが、その強さについての法則はわかりません。計算を繰り返した結果、重力の強さが、地球中心からの距離の2乗に反比例する(距離が2倍になると4分の1、3倍になると9分の1のように変化する)と仮定すると、月の速度や地球からの距離に関する観測結果と矛盾しない予測が得られることがわかりました。

こうして、ニュートンの重力理論と呼ばれるものが完成します。その内容は、1687年に刊行された『自然哲学の数学的諸原理(プリンキピア)』で説明されています。

【コラム】ピサの斜塔で実験は行われなかった？

昔の子供向け偉人伝には、落体の法則を実証するのに、ガリレオがピサの斜塔から重い物と軽い物を同時に落とす実験をしたと書かれていましたが、史実ではなさそうです。この話は、ガリレオの死後10年以上経って弟子が執筆した伝記で紹介されただけで、ガリレオ自身の著作では触れられていません。

何よりも、ガリレオらしくない実験です。彼は、物理の基礎法則は単純な数式で表されると考えており、式の形を明らかにする精密実験を試みました。空気抵抗の影響が密度や速度に応じて変わることに気づき（『新科学対話』）、密度の大きいブロンズの小球を斜面でゆっくり転がす実験を行ったのです。高い塔から落として比較するというずさんな実験を、するはずがありません。

ガリレオ以前、多くの学者が、木と石のような2種類の物体を同時に落とすと、重い物体がわずかに早く着地することを指摘していました。ガリレオが注目したのは、重い方が早いことではなく、差がわずかだという点です。これが空気抵抗に起因すると見抜き、その影響を排除する実験を考案したのがガリレオの真骨頂なのです。

2. 時間の伸び縮みが重力を生む

「時間」はいったいどこにある？

ふつうの科学史なら、「ニュートンが力学の基礎を作りました。メデタシメデタシ」と終わるところですが、本書は時間をテーマにしているので、ここからが本論です。章のタイトルにもした「時間のありか」に、目を向けなければなりません。

ニュートンは、宇宙空間が完全な真空だと考えましたが、その根拠になったのが、ガリレオ流の世界観でしょう。ガリレオは、現実に落体の法則が必ずしも成り立っていないのは、周囲の空気による抵抗が加わるからだと考えました。現象を複雑にするこうした要因が除かれれば、基礎法則は簡単な数式で表されるはずだという世界観です。

惑星の運動は、楕円軌道や面積速度一定の法則など、簡単な数学的規則に従っています。だとすると、惑星が動き回る宇宙空間には、空気のように運動を妨げる流体は存在しないと考えるのが自然です。実際、ニュートンは、抵抗がいっさいなく重力だけが作用するという仮定の下に、自分が考案した重力理論と運動法則を使って、楕円軌道などのケプラーの法則を導きました。

ニュートンが対抗意識を燃やしたのが、ガリレオとニュートンの中間世代に属する哲学者デカルトでした。デカルトは、太陽の周囲にエーテルと呼ばれる希薄な流体が充満しており、これが惑星運動をもたらすと考えました。エーテルが渦潮のような渦を描き、惑星は、エーテルの渦動に流されるように運動するという見解です。このアイデアは、イメージしやすいこともあって、かなりの学者に支持されていました。

しかし、ニュートンは、エーテルのような流体の動きでは、ケプラーの法則を再現するのは不可能だと理解していました。惑星運動の規則性は、宇宙空間が真空であるため、地上では多くの攪乱要因に覆い隠されてしまう単純な基礎法則があらわになった結果だ――これがニュートンの信念だったのです。

もっとも、この信念は、大きな謎を生み出しました。真空なのに、なぜ重力が宇宙空間を伝わるのかという謎です。

この点について、ニュートンは何も説明していません。彼の重力理論では、重力源となる天体から離れるにつれて力が弱くなることは示されますが、空間内部を伝わっていくならば当然あるはずの時間的な遅れもなく、空間を飛び越えて一瞬で作用が届くことになっています。

さらに、宇宙が真空であることは、もう一つの謎を提示します。時間はどのようにしてすべての物体に働きかけるかです。

天界の現象と地上の現象が、まったく別の法則に支配されているという世界観に基づくならば、すべての星々が同期した動きを示すのは天界固有の法則に従っているからだと考えることも可能です。地上で見られる周期性は、太陽の動きに引きずられて派生したという見方です。

しかし、ニュートンが示したのは、抵抗や摩擦などの攪乱要因を取り除いた後の運動は、天界であっても地上であっても、同じ数式で表されることでした。この数式は、（加速度のような）時間に対する変化量を含んでいます。したがって、天界と地上で、同じ単一の時間が支配することを意味します。

宇宙空間は真空であるにもかかわらず、重力が伝わり単一の時間に支配されるのです。なぜそんなことが可能なのでしょうか。この謎は、ニュートンが運動の理論を提案してから二百数十年にわたって、解決の糸口すら見いだせませんでした。

答えが出なかったのは、当然です。「宇宙空間には何もない」という最初の仮定が、間違っていたのです。

ようやく20世紀初頭になって、アインシュタインが一つの理論によって答えを出しました。それが、時間・空間と重力の関係を論じた「一般相対論（一般相対性理論）」です。

アインシュタイン、重力に挑む

アルベルト・アインシュタイン（1879－1955）は、1905年に発表した相対性理論によって、電磁気学の本質を明らかにしました。「なぜ世界に電気と磁気という2種類の作用があるのか」を、「時間と空間という2種類の次元が存在するから」という形で説明したのです（詳しい解説は省略します）。

電磁気学に次いで彼がチャレンジしたのが、重力の謎です。1907年に着手された重力研究は、1913年にリーマン幾何学（19世紀に数学者リーマンが考案した、曲がった空間についての幾何学）に基づく理論の全体像をあらわにし、1915年になって、ようやく「アインシュタイン方程式」と呼ばれる基礎方程式にまとめられました。この理論は一般相対論と呼ばれますが、それまでの相対性理論（特殊相対論）が、「時間・空間に伸縮やゆがみがない」という「特殊な」ケースに限定していたのに対して、新たな理論が、ゆがみのある「一般の」場合を扱っているからです。

研究を始めるに当たって、アインシュタインは、「重力とはどんな特徴がある力か」をイメージしました。これが、彼独特の発想法です。最初の段階では、あまり数式をひねり回すことはせず、直観的なイメージに基づいて考えを進めます。

重力の最大の特徴は、どんな物体でも同じ加速度で落下するという性質です。空気の抵抗さえなければ、重い物体でも軽い物体でも、同じ高さから同時に落とすと同時に着地します。

この性質を、ガリレオは、自然界における原理的な法則（落体の法則）と見なしましたし、ニュートンは、「重力は質量に比例する」「加速度は力を質量で割った値になる」という2つの基本法則から導かれると論じました。

これに対して、アインシュタインは、もっと直観的に理解する方法を模索しました。その際、高い所から落ちた人が「その瞬間に重さを感じなかった」と証言したことを手がかりにしたと言われます。落下する人にとって、あらゆる物体が自分と同じ加速度で落ちるので、重力の効果が消失したように思えるのです。

重力が消える!?

現代人は、国際宇宙ステーションISSの映像などを通じて、重力が消失した状況をリアルに目撃できます。

衛星軌道上を周回する宇宙ステーションの内部は、無重力状態になっています。持っていた物体を手放すと、フワフワと周囲を漂います。水は表面張力でまとまったまま浮かぶし、スポーツマンでなくても楽に宙返りができます。

無重力状態になったのは、宇宙ステーションが地球の重力圏を脱して遥か彼方まで飛んでいったから……という訳ではありません。

ニュートンは、高い塔から物体を水平に打ち出すという思考実験を行いました。このとき、物体は重力の作用で鉛直方向に落下を続けますが、同時に水平方向に動いているので、あるカーブを描きます。初速をうまく調整すれば、物体の描くカーブが地表面のカーブと一致するので、地球の周囲を円運動することができます。宇宙ステーションもこれと同じく、水平方向に進むと同時に鉛直方向に自由落下しているから、高い所から落ちる人と同じように、無重力状態が実現されるのです。

こうした無重力状態は、ニュートンの運動法則を素朴に受け入れる立場からすると、

「重力が遠心力と釣り合って、その効果が表面的に見えなくなったから」と解釈されます。

遠心力とは、乗っている電車がカーブするとき、はっきり実感される力です。電車が右に曲がるとき、乗っている人の身体は、慣性の法則（力が作用しないとき等速度運動を保つという法則）によってそのまま直進しようとするので、電車に対して左の方向に倒されるように感じます。この感じを、遠心力という力が作用したと考えるのです。

電車がカーブするときだけでなく、例えば、自動車が急発進したときシートに押しつけられる感じや、逆に急停止したときに前につんのめる感じも、まるでどこからか力が作用したかのようです。ニュートンの運動法則によれば、こうした力は現実には存在せず、慣性の法則の効果が表れただけなので、慣性力という「見かけの力」と見なされます。

宇宙ステーションも衛星軌道上をカーブしながら進んでいるので、内部にある物体に遠心力が作用します。この遠心力が重力と釣り合って、見かけ上の無重力状態を生み出したのでしょうか。

しかし、宇宙ステーションにおける無重力状態は、単に遠心力と重力が釣り合っただけと考えるには、あまりに完璧すぎます。例えば、スキンダイビングの際に錘《おもり》を調節して浮力と重力が釣り合った状態を作り出しても、無重力感は得られません。水の圧力が体表面に加わるのに対して、重力は身体の内側まで作用するので、浮力と重力の双方が感じられます。ところが、宇宙ステーションの映像を見ると、宇宙飛行士たちは本当に重力がないように振る舞っています。

アインシュタインは、(宇宙ステーションのことは知るべくもないので、屋根から落ちる人などをイメージしたのでしょう)自由落下の際に重力の効果が感じられないのは、〝本当に〟重力が消えたからだと考えました。

エレベータを使った思考実験

〝本当に〟重力が消失するとは、いかなる測定方法を使っても、重力の存在が確認できないという意味です。これは、遠心力などの慣性力と重力が原理的に区別できず、重力と遠心力が釣り合った状態を、重力のない状態と識別する方法が存在しないことを指します(慣性力と重力が区別できないという原理は、両者が等価だと見なせることを意味し、専門用語で「等価原理」と呼ばれます)。

図1-3　エレベータ実験①

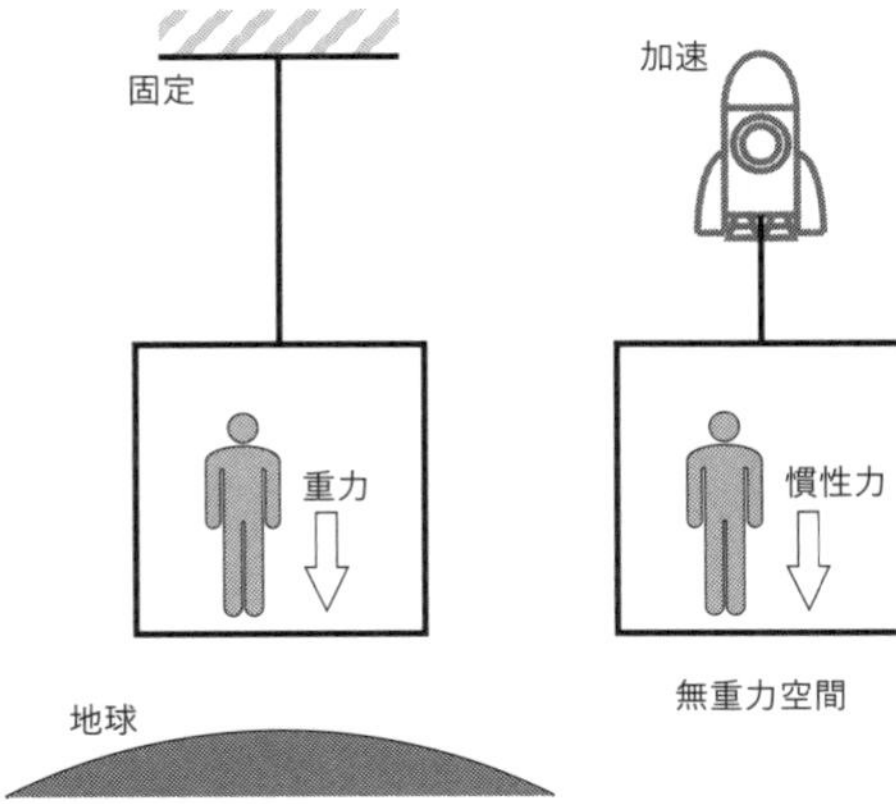

ただし、ここでいう測定とは、その場所での物理現象を調べるものに限ります。宇宙ステーションの外を眺めると「地球の周囲で円運動している」ように見えるでしょうが、これを元に「地球が近くに見えるから重力が作用しているはずだ」と主張するのは、推論でしかありません。その場所の物理法則に基づいた測定こそが、物理的リアリティを主張するための根拠となるのです。

アインシュタインは、外部が見えないエレベータを考えました。中の人が床面に押しつけられるような力を感じたとき、この力が、近くにある地球のような巨大な重力源からの重力か、それとも、無重力空間にあるエレベータが上向きに加速されたことによる慣性力

図1-4　エレベータ実験②

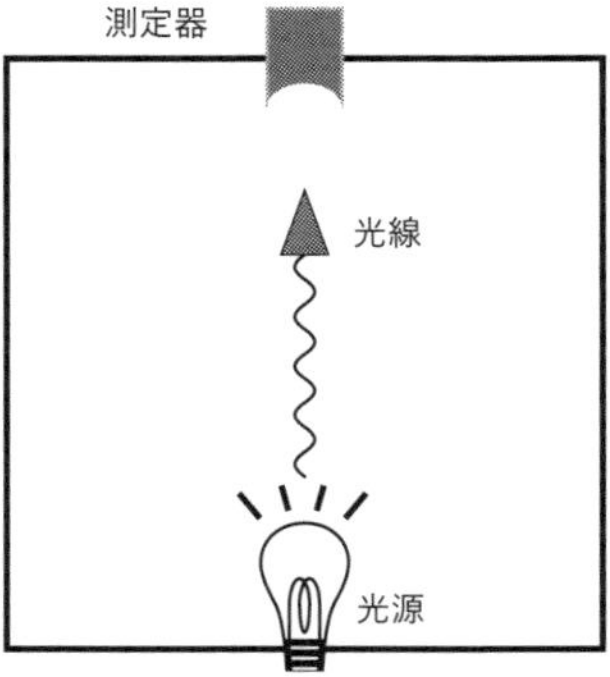

か、エレベータ内での物理実験によって答えられるかを自問したのです。

内部で物体を放り投げるといった力学の実験をしても、答えは出ません。落体の法則が正しければ、重力と慣性力は区別が付きませんが、この法則は、ガリレオ以来、それこそ数百年にもわたって検証されてきたのですから。そこで、アインシュタインは、運動以外の物理現象で、重力と慣性力が区別できるかどうかを問題としました。取り上げたのは、光を使った実験です。

エレベータの床に光源を置き、天井に設置された測定器で光を受信する実験を考えます。

エレベータが上に向かって加速されると

き、天井で観測される光は、静止したエレベータとは異なるものになります。光が床から天井に到達するまでの間に、天井が加速されて速度が増すため、ドップラー効果が生じるからです。ドップラー効果とは、音の場合によく知られている現象で、音源と観測者が異なる速度で運動するとき、観測される音の振動数が音源での振動数と異なる値になるという効果です。音の場合、振動数の違いは音の高さとして感じられるので、動きによって音の高さが違って聞こえます。

例えば、列車に乗ってカンカンという踏切の警報音を聞くと、接近するときの方が遠ざかるときより、少し高音に感じられます。接近する際には、音波の伝播スピードに自分の進む速さが加わるため、1秒間に耳をよぎる波面の数が、警報器で発せられる振動数よりも（列車が時速120キロメートルならば1割ほど）多くなり、遠ざかる際には、逆に少なくなるからです。同様の現象は、走行している救急車のサイレンでも生じますが、スピードが遅く変化がわずかなので、かなり感覚の鋭い人でないと聞き取れないと思います。

上向きに加速されるエレベータでは、天井がカゴごと加速され、床で光が放射されたときの光源より高速になるので、ちょうど踏切から遠ざかる列車のケースと同じように、測定器で1秒間に受信される波の数が少なくなります。可視光線は振動数に応じて（虹で見える）赤から紫までの色として感じられますが、振動数が少なくなると、色は赤寄りに変化します。加速されるエレベータの実験の場合、天井で観測される光は、ドップラー効果によって、床を出たときより赤っぽく見えます（専門用語で「赤方偏移」と言います）。

それでは、地球の近くにある静止したエレベータで同じ実験をすると、どんな結果が得られるでしょうか？

ふつうに考えると、重力を受けているエレベータは動いていないので、ドップラー効果は生じません。だとすると、ドップラー効果の有無によって、重力と慣性力は区別できるはずです。ところが、アインシュタインは、ふつうの考えを採りませんでした。重力が作用している場合でも、加速されるときと同じようにドップラー効果が生じて、重力と慣性力の区別は付かないだろう――これが、アインシュタイン流の発想です。

場所によって時間が変わる！

「重力の作用によって、ドップラー効果と同じ振動数変化が生じる」と仮定すると、従来の理論の何をどう変えなければならないのか？　この問いを熟考する過程で、アインシュタインは、時間についての考えを根本から改めなければならないと気がつきました。

重力が作用するエレベータの床に、高速道路のトンネルなどで橙色の光を放つナトリウムランプが置かれているとします（アインシュタインの時代にはありませんでしたが）。ナトリウム原子が放射する光の振動数は、原子物理の法則に従って、１秒間に５００兆回と決まっています（正しくは５０９兆回ですが、わかりやすいように概数にしました）。この光が天井に到達したとき、ドップラー効果と同じような振動数の減少が生じて、１秒間に（例えば）４００兆回になっていたとします（実際には、中性子星のような大質量星の近くでも、こんな大幅に振動数が減少することはほとんどありませんが、仮に起きたとします）。これは何を意味するのでしょうか？

ナトリウム原子が1秒間に５００兆回の振動をする光を出すことは、物理法則によって規定されているので、変えられません。振動の回数が変えられないならば、違いがあるのは時間のはずです。床のナトリウムランプの光が天井で1秒間に４００兆回しか振動しなかった原因は、「天井で1秒経つ間に床では5分の4秒しか経過しなかったからだ」と考えると説明が付きます。床の方が天井よりも、ゆっくりと時間が経過するのです。

ニュートンは、全宇宙で一様に時間が流れると考え、これを絶対時間と呼びましたが、アインシュタインは、すべての場所ごとに違う時間が存在すると結論したのです。この時間の違いによって、重力が存在する場所では加速度運動するときと同じドップラー効果（専門家は「重力赤方偏移」という難しい言葉を使いたがります）が生じ、光を使った実験でも、重力と慣性力の区別が付きません。

それでは、これまで重力と呼んできたものは、いったい何だったのでしょうか？

何が重力を生むのか？

アインシュタインは、真空は何もないのではなく、時間と空間が《ある》と考えました。時間と空間（あるいは、両者を合わせた「時空」）は、その上に物理現象という絵が描かれるゴム製のキャンバス（画布）のようなものです。時間と空間という縦糸と横糸で織られた画布は、ゴム製なので場所によって伸びたり縮んだりしますが、そのせいで、キャンバスが伸縮していないときとは異なった形の絵（＝異なる物理現象）になります。

図1-5　放物運動

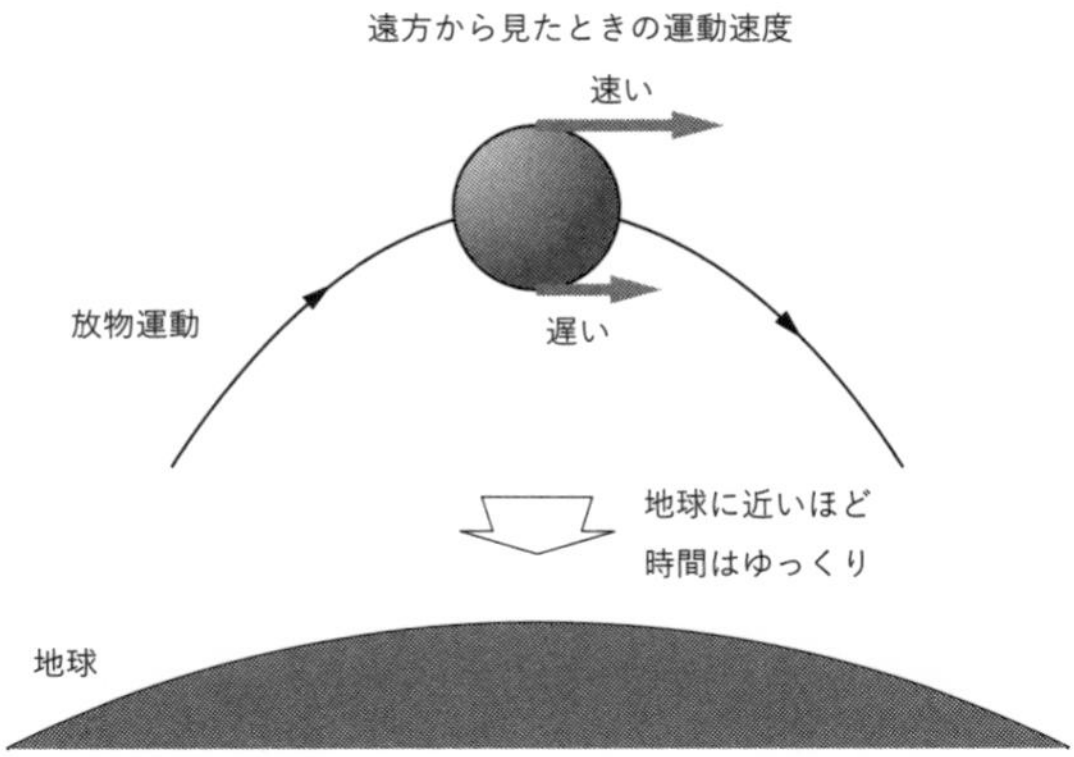

一部で伸縮が生じると、その周囲は平らでいられなくなり、広い範囲にわたって時空というキャンバスがゆがむのです。こうしたキャンバスのゆがみによって生じる効果を、重力の作用と見なすのです。

一般相対論とは、時空の伸縮やゆがみによって物理現象がどのように変化するかを明らかにするものです。ゆがんだ時空の幾何学に基づいて物理現象を記述する理論とも言えます。また、慣性力は、カーブしながら観測する際の見え方のゆがみに起因する効果で、幾何学的な観点からは重力と等価なのです。

地表近くで物を放り投げると、(空気抵抗がない場合は) 放物線を描きます。放物線を描く理由として、ニュートンは、重力源となる地球から力が作用すると考えましたが、アインシュタインの考えによると、この運動は、主に時間の伸縮が生み出すものなのです。

もし時空に伸縮がなければ、放り投げられた物と地球は、ともに慣性の法則に従って等速度運動をします。慣性の法則とは、時空に伸縮がないときに成り立つ法則なのです。ところが、巨大な重力源である地球の近くでは、（エレベータ実験で床の時間が天井より遅れるように）より遠くの地点よりも時間がゆっくりと経過します。このため、地球の周囲で運動する物体は、地球に近い側の速度の方がゆっくりになり、その結果として地球を内側とするようにカーブします。このカーブが放物運動なのです。

このように考えると、重力だけが作用するときの物体の運動が、なぜ物体の素材や質量によらないか、理由がはっきりします。重力の作用とは、時間が伸び縮みした結果として生じる運動変化なので、個々の物質の性質には依存しないのです。

なお、ここでは時間の伸縮だけを問題にしましたが、実際には、3次元の空間もさまざまな方向に伸縮するので、重力の作用は、ニュートンが考えたよりも遥かに複雑なものになります。ただし、空間の伸縮が大きく影響するのは、光速に近いスピードで運動している物体だけであり、日常生活で見られる出来事に空間の伸縮はほとんど影響を及ぼしません。

実は、時間の伸縮もごくわずかです。地表近くでの時間の伸縮は、さまざまな方法で測定されています。2020年に行われた実験では、スカイツリーの地上階と450メートル上方の展望台に光格子時計と呼ばれる高性能の原子時計を設置し、時間の進み方が異なることを直接検証しました。それによると、展望台の時計は、一日あたり10億分の4秒だけ早く進むことがわかりました。地球の中心に近い方がゆっくり時間が進むことは確かなのですが、感覚で捉えることは不可能なほどわずかな差です。これが、地球という天体が持つエネルギーによって時間を変動させるときの限界です。

【コラム】時空を発見した科学者

現在では、相対性理論の観点から、時間と空間は一体化した時空として扱われますが、アインシュタイン自身は、もともとそこまで考えていませんでした。時空というアイデアを提案したのは、チューリッヒ工科大学でアインシュタインを教えたことのある数学者ヘルマン・ミンコフスキー（１８６４－１９０９）です。彼が１９０６年に考案した幾何学的な４次元時空は、ミンコフスキー時空と呼ばれています。

重力理論の研究を始めた当初、アインシュタインは時間の伸縮にばかり目を向けて、空間のことはあまり考えていませんでした。天体が重力で光を屈折させる現象についても、時間しか考慮に入れなかったせいで、求めた屈折角は正しい値の半分しかありません。１９１０年代に入ってからようやく考えを改め、時間と空間を一体化する幾何学に注目したのですが、計算があまりに難しく手に負えなかったため、大学在学中の友人で、チューリッヒ工科大学の数学教授になっていたマルセル・グロスマン（1878－1936）に助けを求めます。彼は、アインシュタインにリーマン幾何学を紹介、これとミンコフスキーのアイデアを合体した数学を使って、二人で一般相対論の基礎を作り上げました。

一般相対論は、数学者たちの協力があって、はじめて構築できたものなのです。

3. 柔軟なアインシュタインの時空

何もない場所はないし、時間は流れない

発表からしばらくの間、一般相対論を検証する事例はごくわずかしかなく、研究者も少数でした。しかし、1960年代以降、ブラックホールや宇宙論に関する知見が増大し、研究ツールとしての重要性が認識されるようになります。近年でも、銀河系の中心にあるブラックホールの発見（1995年〜）、宇宙の加速膨張の発見（1998年）、重力波の検出（2015年）、ブラックホールの撮影（2019年）と、一般相対論に基づくノーベル賞級の成果が相次ぎました。

もっとも、人類史的な観点に立つならば、一般相対論が果たした最大の役割は、ニュートンの理論に見られた謎を解明したことでしょう。ニュートンは、宇宙空間を何もない真空だと考えましたが、本当に何もないのならば、どうして重力が伝わるのか理解できません。一般相対論は、宇宙空間には「時空」という〝実体〟が存在すると見なすこ

とで、この謎を解いたのです。

一般相対論の時空は、単なる形式的な枠組みではなく、エネルギーの分布に応じて柔軟に伸び縮みする実体です。重力の作用とは、この伸び縮みがさまざまな物理現象に与える影響なのです。ニュートンが考えたように、何もない空間を飛び越えて力が作用するのではありません。天体のように巨大なエネルギーが集中する領域の周囲で、場所から場所へと時空が連続的にゆがんでおり、そのせいで、物理現象の伝わり方も少しずつ変化するのです。

こう考えると、ニュートンが残したもう一つの謎である「時間の流れ」についても、答えが得られます。ニュートンは、全宇宙で一様に時間が流れると仮定しました。直観的に言えば、常に現在が更新されるような流れです。この流れがどこで生まれ、どのようにしてあらゆる物理現象に働きかけるのかは、まったく説明できませんでした。一般相対論ならば、「そもそも時間は流れていない」という形で答えられます。

相対論的な時空は、ゴム製のキャンバスのようなものです。油絵を描くキャンバスには、上下方向と左右方向という2つの方向がありますが、時空のキャンバスには、1つの時間方向と3つの空間方向という4つの方向があります（厳密なことを言うと、相対性理論では時間方向と空間方向が固定されておらず、時間と空間の方向を変更する自由度があるのですが、話がややこしくなるので、これ以上は触れません）。この4方向のそれぞれに場所ごとの伸び縮みがあり、そのせいで、キャンバスにゆがみが生じます。

世界に空間方向の（3次元的）広がりがあることは誰もが気がついているでしょうが、実は、時間方向にも（1次元の）広がりがあります。時間は流れておらず、過去から未来に至るまで、広がって存在しているのです。

現象を引き起こす〝場（フィールド）〟

「何もない場所はない」という世界観は、「原子論」を否定し「場の理論」に軍配を上げる見方です。

原子論とは、ごく簡単に言えば、原子が真空中を動き回ったり結合したりすることで、さまざまな現象が生起するという考えです。物理的状態はすべて、基本的な構成要素である原子の運動や相互関係で決まり、周囲の真空は何ら現象を生み出さない形式的なスペース（隙間）にすぎないとされます。

一方、場の理論は、空間の至る所に現象を引き起こす〝何か〟が満ちており、こうした〝何か〟が凝縮して物質になるという立場です。原子論と場の理論の歴史は古く、古代ギリシャでは、デモクリトスが原子論、アリストテレスが場の理論を主張しました。

ニュートンは、生涯を通じて原子論の立場を貫いています。宇宙空間が完全な真空だとすると、「遠方の天体から光が届くのはなぜか」という問いに答えなければなりませんが、彼は、光は粒子の集まりであり、光の粒子が真空中を飛来すると考えました。

光の粒子説は、19世紀はじめまで光の波動説に対抗する有力な仮説でした。しかし、トマス・ヤングらが光の干渉現象を実験的に示したこともあって、光は波であるという見方が優勢になります。さらに、伝播速度が一致することなどから、ジェームズ・クラーク・マクスウェル（1831－1879）が光を電磁気の波動と同定し、ニュートン流の光の原子論は否定されました。

マクスウェルの師とも言えるマイケル・ファラデー（1791－1867）は、電気や磁気の現象が起きる領域を電場・磁場と呼んでいましたが、しだいに、これらの呼称が電磁気現象の実体を指すようになります。電場・磁場（あるいは、両者を合わせた電磁場）という実体が、宇宙空間を含むあらゆる領域にあまねく広がっており、その〝強度〟の変化が電気・磁気の現象だと見なされました。こうして、物理学者の間に、世界に満ち満ちて物理現象を引き起こす実体を〝場（フィールド）〟と呼ぶ習慣が生まれます。

すべては場が生み出す

19世紀の終わり頃には、力を媒介する電磁場と、物質を構成する原子（あるいは、その構成要素と考えられた電子やイオンなど）という場と原子の二元論が提唱されます。物理現象は、時間・空間という枠組みと、場・原子という現象の担い手によって記述できるという立場です。

しかし、20世紀に入ると次々と新しい学説が提案され、場の理論による統一が推し進められます。

まず、特殊相対論によって時間と空間が一つに統合された時空と見なされ、さらに、一般相対論で、この時空が硬直した不動の枠組みではなく、エネルギー分布に応じて伸び縮みする柔軟なものだと判明しました。重力とは時空の伸縮が生み出すものであり、変動する時空が重力の担い手、すなわち「重力場」だった訳です。

本書では詳しく述べませんが、１９２０年代後半に提唱されたもう一つの新学説である「量子論」が、場と原子の二元論を打倒しました。さまざまな場に量子ゆらぎという波動が生じると、その干渉によって場がエネルギーの塊のように振る舞うことが判明したのです。

場に現れるエネルギーの塊は量子と呼ばれ、状況によっては、粒子のように見えることもあります。電子など一般に素粒子と呼ばれるものは、どれも、場が生み出した見せかけの粒子だったのです。電磁場などの力の場と電子などの物質の場は、いずれも量子ゆらぎが生じる場（量子場）として扱えることがわかり、1970年代までに、力と物質（あるいは場と原子）の二元論は発展的に解消されました。

現代物理学において、あらゆる物理現象は、重力場と量子場という2種類の場によって記述されます。ただし、物理学の進歩は、この段階で停滞しています。重力場と量子場を統一的に扱うことが、いまだできないでいるのです。この統一理論が構築されれば、現代物理学は完成の域に達し、ポストモダンの時代へと突入していくはずですが、統一への手がかりは得られていません（「量子」という言葉はこの後もたまに使いますが、量子論の説明は、本書ではこれ以上しません）。

連続的な時間、途切れる時間

現代物理学によれば、時間は、あらゆる場所に存在する広がりを持った実体です。物理現象という絵がキャンバスに描かれているとすると、このキャンバスを織り成す縦糸のようなものです。ニュートンが想定した「どこからともなく作用して世界に変化をもたらす形式的な枠組み」ではありません。現在が刻々と更新されるような流れはなく、過去から未来にわたって存在しています。

時間は、特別な例外を除いて、途切れることがありません。特別な例外とは、ブラックホールの中心などに存在する特異点（シンギュラリティ）です。

人が足からブラックホールに落ち込んだ場合、足に作用する重力と頭に作用する重力の強さに差があるため、中心に接近する途中で身体がバラバラに引きちぎられます。それでもしばらくはバラバラになった破片が残存しますが、中心に到達した瞬間に時間が途切れて、何かが起きるとすら言えなくなってしまいます。時間方向にキャンバスが広がっていないので、物理現象という絵を描くことができないのです。

もっとも、「時間が途切れるのは変だ」と考える物理学者も少なくありません。重力場と量子場を統一すれば、未知のメカニズムによって時間の断絶はなくなるという期待もあります。ただし、相対論や量子論を研究する世界最高峰の頭脳をもってしても、このメカニズムを解明することは、いまだできていません（そもそも、そんなメカニズムはないのかもしれません）。

《SFに描かれた時間1》

タイムトラベルからひもとく時間論

SF（サイエンス・フィクション、スペキュレイティブ・フィクション）と呼ばれる創作のジャンルでは、テレポーテーション（瞬間移動）やタイムトラベル（時間旅行）などのギミックが重要な役割を果たすことがあります。こうした設定は、通常はプロットを成立させるための便法であり、科学的な裏付けは必要ありません。

例えば、アルフレッド・ベスターのSF小説『虎よ、虎よ！』は、デュマの『モンテ・クリスト伯』を下敷きにした宇宙規模の復讐劇であり、過激な物語をスピーディに展開する上で、科学的な合理性を無視して「精神力による瞬間移動」を使うのが効果的でした。

しかし、リアリティを担保するために科学の装いをまとわせている作品もあり、実際の学説とどのような関係にあるのか気になる人もいるでしょう。

場の理論を前提にするならば、あらゆる現象は時間・空間の広がりの中を連続的に伝わっていきます。もちろん、場の理論が絶対に正しいとは限りませんが、今のところ、かなり信頼できる仮説であり、これを基に考えを進めるのが有用であることは確かです。

場の理論は、古くから人類が思い描いてきた夢想に、厳しい制約を付けます。人々は、一瞬にして遠い異国や過去・未来に移動するファンタジーを語ってきました。しかし、時間や空間のかけ離れた地点にいきなり移動することは、現代の物理学では容認されません。出発点と到達点をつなぐ経路に沿って、連続的に進んでいく必要があります。

まず、空間的な移動に目を向けましょう。ある地点で物体が消滅し、別の地点に再出現するという意味でのテレポーテーションは、理論的に不可能だとされます。最先端科学の紹介記事に、「量子テレポーテーション」という言葉が登場することもありますが、これは、目的地にあらかじめ物体を送っておき、どんな状態で送られたかを遠方で瞬時に知るための技術であり、物体そのものが瞬間移動する訳ではありません。

宇宙を舞台にしたSFの場合、しばしば「ワープ」と呼ばれる特殊な高速航法で、宇宙船が遠方の星系へと移動しますが、このワープが実現される可能性はあるのでしょうか?

一つのアイデアとして、ワームホールを利用したワープが提案されています。ニュートン力学ならば、常にユークリッド幾何学だけが成り立つ空間しか想定されておらず、2つの点を結ぶ最短経路は直線に限られます。ところが、一般相対論になると、時空はもっと自由に変形させることが可能になります。

アインシュタインが1917年に考案した宇宙模型は、空間が球面構造をしているというものでした。ふつうの人が考える球面は、地球の表面のような2次元の世界です。ところが、アインシュタインは、宇宙空間が3次元の球面だと考えたのです。この3次元球面は、狭い範囲だけなら(地球の表面が部分的には平面に見えるのと同じく)3次元のユークリッド空間のように見えるのに、ある方向にまっすぐ進んでいくと、(ちょうどマゼランの艦隊が地球を一周したように)宇宙を一周していつの間にか元の地点に戻ってくるというものです。天の北極（北極星の方向）と南極に向かって逆方向に進む2隻の宇宙船があったとすると、互いに充分に遠ざかったと思ったら、突然、別れたはずの相手が正面に現れます。

アインシュタインのモデルでは、宇宙全体がユークリッド空間とは異なる構造をしていますが、ワームホールは、こうした非ユークリッド的な構造が局所的に形成されたものです。広い範囲をざっと眺めるとユークリッド幾何学が成り立つように見えるけれども、ある部分に注目すると、離れた2点を直線よりも短距離でつなぐ抜け道が隠されているのです。このつながった部分が、宇宙空間の中に生じたワームホール（虫食い穴）です。ワームホールは、ユークリッド幾何学を逸脱した特殊な構造ですが、一般相対論の式を用いて議論することが可能です。

✦映画『インターステラー』のワームホール

ワームホールが視覚的に描かれたのが、2014年のアメリカ映画『インターステラー』です。ワームホールの端がどうなっているか理論的に確定していませんが、あるモデルでは、外からはブラックホールのように見えるとされます。ブラックホールは光すら脱出できない天体であり、真っ黒な球体のように見えます（2019年に撮影されたブラックホールの写真は、周囲がリング状に輝いていますが、これは、背後にある天体からの光がブラックホールの重力で曲げられたものです）。映画は、人類とは別の知性が建造したワームホールの端が、土星近くに黒い球体として出現するところから始まります。絶滅の危機に瀕していた人類は、ハビタブル（生存が可能）な惑星を目指して先遣隊に突入させますが、ワームホールを通過した主人公が何を目撃するかが、物語のテーマとなります。

ところで、『インターステラー』に描かれたような、ワープを可能にするワームホールは、現実に存在するのでしょうか？　SFファンの期待に反するようですが、その可能性は、きわめて低いと言わざるを得ません。

ワームホールは、自然に生じるような構造ではありません。宇宙の始まりであるビッグバン（詳しくは第2章参照）の時点で、エネルギー分布は非常に滑らかであり、時空がねじ曲がった虫食い穴のような構造が、天文学的スケールで偶然できてしまうとは、考えにくいのです。また、たとえワームホールが何らかの仕組みで形成されたとしても、その構造は不安定で、一瞬でつぶれ消滅してしまいます。ワームホールを維持するためには、エキゾチック物質と呼ばれる、これまで人類が見たこともないような不思議な物質を支持材としなければなりません。こんな話を聞けば、ワームホールはありそうもないとわかるでしょう。

ところが、一流物理学者の中にも、ワームホールについて真剣に研究している人が少なからずいます。その理由は、ワームホールが実在しそうだから……ではなく、一般相対論のように完全には理解し切れていない理論の場合、常識外れとも思える極端な状況を想定することで、理論の適用限界や新学説構築の手がかりが見えてくるからです。たとえ実在しなくても、ワームホールの研究を通じて、停滞気味の理論物理学で突破口を見いだせるかもしれません。

もちろん、人類を遥かに超える超知性体が、思いもよらぬ方法でワームホールを建造することが決してないとは言えませんが……。

✦テレビドラマ『スタートレック』のワープドライブ

1960年代に放送が開始された懐かしのテレビドラマでありながら、いまだに多くのファンを魅了するのが、『スタートレック』です（日本では、『宇宙大作戦』というタイトルで放映されました）。このドラマでは、宇宙船U．S．S．エンタープライズが宇宙狭しと飛び回る際、ワープドライブと呼ばれる超光速航法が頻繁に使われました。

ドラマ内でワープのメカニズムが説明されることは、ほとんどありませんでした。どうやら、亜空間と呼ばれる特殊なフィールドを生み出し、その中で超光速に加速するという仕組みのようです。

まじめな物理学の議論に亜空間が登場することはまずありませんが、多少なりとも似たものとしては、ブレイン宇宙論に出てくる余剰次元があります。これは、通常のほぼユークリッド的な3次元空間の外側に、別の次元が存在しており、われわれの見る3次元宇宙空間は、4次元宇宙空間内部に浮かぶ膜（ブレイン）のようなものだという考え方です。

残念ながら、ブレイン宇宙における物理的な相互作用を調べると、物質はほぼ完全に3次元空間に束縛され、外に出るのは不可能だと判明しました。もちろん、余剰次元に移動して超光速航行することはできません。ブレイン宇宙論以外にも、通常の3次元空間とは別の空間が存在するという学説はありますが、そこを通ってワープできる可能性があると示したものは、今のところ見当たりません（できると面白いのですが）。

✦H・G・ウェルズ『タイム・マシン』の時間航行機

空間ではなく時間を飛び越えるタイムマシンを作るには、どんな技術が考えられるでしょうか？　場の理論が正しいならば、空間の場合と同じく時間旅行の際も、時空の内部を連続的に移動するしかありません。

H・G・ウェルズが1895年に発表した小説『タイム・マシン』では、過去や未来に移動する乗り物が登場します。かなりの教養人だったウェルズは、目的地に到達するまでの時間をすべて通過しなければならないことに気づいていました。小説中では、時間航行の際に「空中を飛んでいる弾丸が見えないのと同じ理由で」存在が希薄化されて見えなくなると（苦しい）言い訳をしていますが、そんなことはありません。重力が強い場所では時間経過がゆっくりになるので、そこにいる人は遠方の人より先に未来に到達するように感じられます。その姿を遠方から眺めると、まるでスローモーションの映像のように見えて、ちょっと滑稽なはずです（実際には、目で見て時間が遅れているとわかるほど重力の強い天体上では、身体がぺちゃんこになってしまいますが）。

タイムマシンはさまざまなSFに登場しますが、時空を連続的に移動するという経路問題について、有名なSF作品でも、あまり明確に記述していません。

例えば、タイムトラベルSFの名手ロバート・A・ハインラインの短編小説「時の門」では、空中に浮かんだ環をくぐるだけで別の時刻へと移動できます。このように、環や門などの境界を通過すると時間が飛躍しているというのは、多くの小説や映画で好んで描かれるパターンで、ファンタジーとしては楽しめますが、科学的には突っ込みどころが多すぎます。

ただし、暗いトンネルを抜けるとそこは異なる時代だったという描写は、ワームホールを利用したタイムトラベルを連想させるので、一概に荒唐無稽と言う訳にはいきません。

ワームホールは、すでに述べたように、ワープを可能にする（かもしれない）構造ですが、近年では、タイムマシンの候補としても話題に上ります。ワームホールの入口と出口は、通常は同じ時刻とされます。しかし、ある方法で、両方の時間にずれを生み出せるとの主張が現れ、これを通り抜ければ、過去や未来へと移動できる可能性があります。

ワームホールを利用したタイムマシンについては、ソーンやホーキングといった大物理学者が真剣に議論しており、興味深いテーマです。この問題については、第3章で改めて取り上げることにします。

第2章

「流れる時間」という錯覚の起源

第1章で紹介した一般相対論の時間は、物理現象という絵が描かれるキャンバスの縦糸のようなものでした。この時間は、現在が刻々と更新されていく「流れる時間」ではありません。キャンバスを横に切り裂いたどこかの切断面が「現在」で、そこを境に「過去」と「未来」という異質な領域になる――などということはないのです。時間は、過去から未来にわたるあらゆる場所に広がって存在しています。しかも、ニュートンが考えたように一様でまっすぐなものではなく、エネルギーの分布に応じて場所ごとに伸び縮みしているのです。

こうした時間は、一般的なイメージとは、かなり異なっているはずです。多くの人は、「時間は、流れることで物理現象に一方向的な変化をもたらす」と思うのではないでしょうか。

物理現象の中には、一方向的で後戻りできない変化が無数にあります。火の付いたロウソクは、燃えながらひたすら短くなる一方であり、溶けたロウが側面を這い上がって自然に伸びることはありません。容器の水がこぼれ落ちたとき、どれほど懸命にかき集めようと、しみ込んだり蒸発したりした水を取り戻すのは困難です。虫や獣や人間などのさまざまな生物は、誕生から成長を経て死に至るまで、後戻りできない変化を続けます。

さて、ここで真剣に考えてみてください。「後戻りができない」のは、本当に時間が流れるからなのでしょうか。逆に、後戻りができない結果として、時間が流れると感じられるのかもしれません。後戻りできずやり直しがきかないからこそ、あたかも小舟で急流を下るときのように、時の流れに身を任せている感覚が生じる――そんな見方です。

もし、時間が流れていないとすると、今度は、「時間を縦糸とするキャンバスの上に、なぜ、縦糸に沿って一方向的に変化するような絵（＝物理現象）ばかり描かれるのか」が謎となります。時間が流れていないにもかかわらず、後戻りできない変化がわれわれの周囲に無数に見られる理由を説明しなければならないのです。

これらの問いに対して、現代科学が非の打ち所のない正解を提出した訳ではありません。しかし、統計力学と宇宙論を組み合わせると、おおよその答えは得られます。この第2章では、時間が流れる「ように感じられる」理由を、解き明かしていきたいと思います。

1. 始まりの謎

時間を反転すると……

時間の流れが物理現象に作用して一方向的な変化をもたらすのならば、変化の過程をビデオ撮影し逆回しで再生した場合、常に、現実には起こりえない異常な映像になるはずです。

実際、多くの逆再生映像は、見て変だと感じられるものになります。灰皿にあった黒い燃えかすに煙が吸い込まれ、炎を上げながらだんだんと一枚の紙になる映像は、幼児でもおかしいと感じるようで、見せられた子供はびっくりするそうです。

しかし、逆再生でも奇妙に見えないケースがあります。例えば、振り子がゆっくり左右に揺れる映像は、時間を逆にしても左右に揺れるだけであり、おかしな点はありません。空気抵抗のせいで振幅が見る見る小さくなっていく場合は別ですが、国立科学博物館に展示されている長さ19メートルのフーコーの振り子（地球の自転によって振動面が少しずつ回転することを実証する振り子）のように、錘が重く吊り線が長い場合、左右に揺れる映像だけでは、時間が逆かどうかほとんど判別が付きません。

うっかりすると、時間の向きを見誤る映像もあります。小さな球体が斜面を転がる映像の場合、下るときが順再生、上るときが逆再生と思いがちです。でも、上向きに勢いを付けて上らせることもできるので、大きな振り子と同じく、滑らかに転がっているだけでは時間の向きはわかりません。

それでは、逆再生した映像が即座に奇妙だと感じられるのは、どんなケースでしょうか。

「原子・分子が関与する変化」と答える人がいるかもしれません。確かに、紙が燃えたり水が蒸発したりする際には、分子レベルでの変化が進行しています。ちなみに、紙の燃焼とは、紙分子（主にセルロース）の熱分解→一酸化炭素など可燃性ガスの発生→ガスと酸素の結合による発熱→紙分子の熱分解→……という連鎖反応が続く過程です。原子・分子の振る舞いが、一方向的な変化を生み出すようにも見えます。

しかし、分子レベルの変化がなくても、逆再生が奇妙に見える場合があります。具体的な例として、サイコロのケースを考えてみましょう。

なぜ多数のサイコロの目は自然に揃わないか？

たくさんの小さなサイコロを箱に入れて、中でコロコロと転がるくらいの振動を加える場合を考えてみましょう。

立方体の各面に1から6までの目が描かれたサイコロは、6分の1の確率でそれぞれの目を上にします。600個のサイコロを入れた箱に持続的な振動を加え、中でデタラメに転がるようにすると、長く揺さぶった後で1の目を出しているサイコロの数は、確率からして、600個の6分の1に近いほぼ100個（103個とか98個とか）になります。

さて、600個のサイコロが入った箱に振動を加える過程を、ビデオ撮影したとしましょう。映像を再生したとき、もし、はじめにサイコロの目に規則性がなくバラバラだったのに、揺さぶっているうちにだんだんと目が揃い、終わりにすべてのサイコロが1の目になったとすると、これは変だ、実際の過程を逆再生したに違いないと思うはずです。

ここで、すべてのサイコロの目が1に揃う過程が、なぜ奇妙だと感じるのか、単に「ありそうもない」と答えるのではなく、なぜありそうもないのかを考えてみてください。

図2-1　サイコロの統計法則

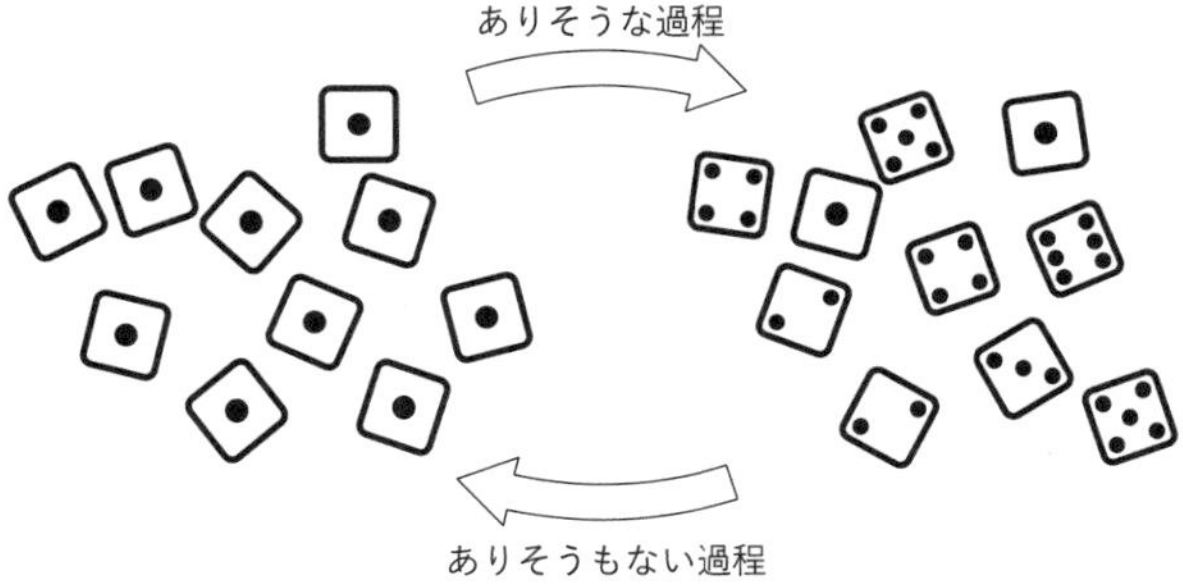

答えを言ってしまうと、サイコロの目がすべて1になるパターンが、1通りしかないせいです。出る目が1だけではなく1か2のどちらかだとすると、600個のサイコロ一個一個に2通りのパターンがあるので、すべてのサイコロに関するパターン数は2の600乗、181桁もの莫大な数になります（数学の得意な人は、2の10乗がほぼ1000であることから、2の600乗が1000の60乗に近い181桁の数になることを、暗算で求められるでしょう）。サイコロの目がすべて1になるのは1通りのパターンしかないのに、1か2のどちらかなら181桁に上るパターンがあるのです。1から6のどれでも良いとなると、さらにすごい桁数のパターンになります。「す

べて1」というのがいかにありそうもないパターンであり、自然に実現されるはずがないと納得できるでしょう。

逆再生が不自然で奇妙になるのは、状態のパターン数が少ないにもかかわらず、外部からの強制なしにその状態へと移行する場合です。逆に自然に見えるのは、「ありそうな」「実現されやすい」状態に向かう過程です。通常は、こうした自然な過程しか起こらないというのが、「統計法則」という自然界の基本法則です。

巨視的な物理現象は統計法則に従う

統計法則は、運動方程式で表されるような厳密な物理法則ではありません。サイコロの目を1から6までほぼ等しい割合で出現させようと、どこかから力が加わってサイコロを動かす訳ではないのです。あくまで、構成要素が多いシステムの集団的な振る舞い（「一個一個のサイコロの目ではなく、全体としてどんな分布になるか」など）に関する法則で、傾向性を表すと見なすこともできます。にもかかわらず、多くの物理現象では、厳密だと言ってかまわないほど良い近似で成り立ちます。

数多くの構成要素が関与する現象では、パターン数の「多い／少ない」に極端な差が現れます。数百個のサイコロですら、（1桁と181桁というように）「桁の桁」が違っているのです。原子・分子が直接関わる場合、パターン数の少ない状態が自然に実現される可能性は、絶無と言っても過言ではないでしょう。何しろ、コップ一杯の水の中にも、数百個（3桁）どころではない、25桁個の水分子が含まれるのですから（高校で化学を選択した人は、180ccの水が10モルになることを使って分子数を計算できるでしょう）。

人間の目に見えるような巨大な（専門用語で「巨視的な」と言います）物体は、膨大な数の原子・分子から構成されています。こうした物体が、外部から強制されずに自然に変化する場合、通常は、後戻りできない一方向的な過程になります。これは、時間の流れが後戻りできない神秘的な変化をもたらすから……ではなく、よりパターン数の多い状態へと移行するのが、統計的に見て「きわめてありそう」だからです。

時間経過が後戻りできない一方向的な流れのように感じられるのは、巨視的な物理現象が、統計法則に従っているからです。

止まった振り子が動き出さない訳

空気中で振り子が揺れている光景を思い描いてください。（先ほど出てきたフーコーの振

図2-2　振り子と気体分子の衝突

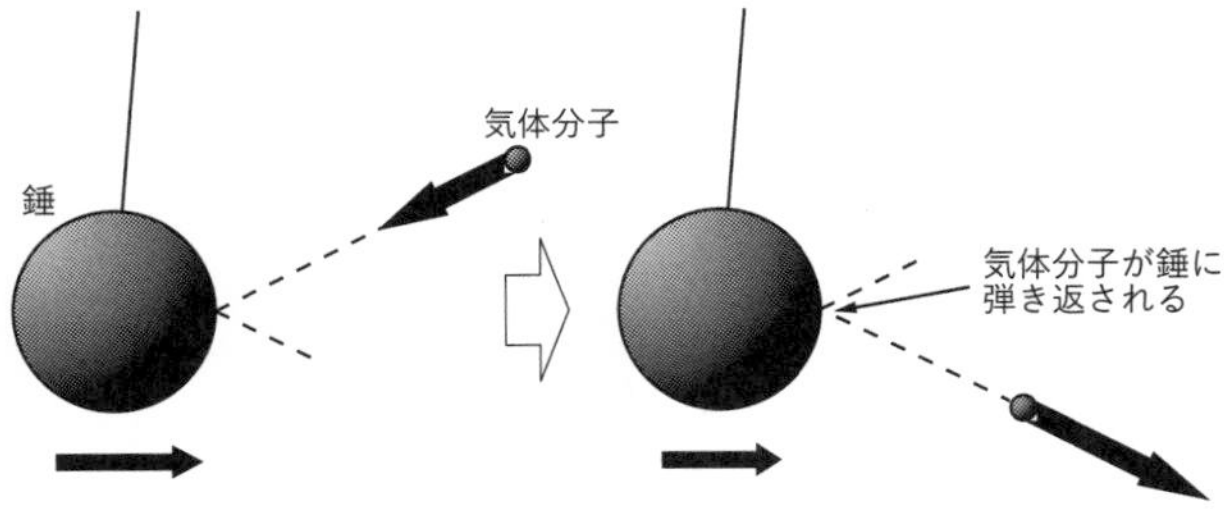

り子みたいに巨大ではない）ふつうの振り子は、空気抵抗のせいでしだいに振幅が小さくなって、やがて静止します。この過程は一方向的であり、その映像を逆再生すると、静止した振り子がひとりでに動き出すという、ひどく奇妙なものになります。

変化が一方向的である理由は、エネルギーに注目すると理解しやすくなります。静止していた錘を木槌で叩き、振り子を揺らし始めたとします。このとき、叩いたことで錘に運動のエネルギーが供給された訳ですが、このエネルギーがどうなるかを考えていきましょう。

空気抵抗のせいで振幅が小さくなるのですから、振り子だけではなく、周囲の空気まで考慮に入れてエネルギーを論じる必要があります。空気は、窒素や酸素などの気体分子が自由に動き回っているものです。常温の気体1リットル中には、個数が23桁に上る膨大な分子が存在しており、その速度は、平均すると音速よりやや速い程度（酸素分子で秒速500メートルほど）になります。

さて、振り子の錘には周囲から気体分子が衝突してきますが、前方から錘の動きと逆向きにぶつかったとき、質量の小さい気体分子は弾き返されて運動エネルギーが増し、逆に錘はエネルギーを失って減速されます。後方から追突して錘にエネルギーを与える気体分子もありますが、錘が逃げるように動くので、その数はエネルギーを奪う分子より少なくなります。このため、たくさんの衝突を通じて錘はエネルギーを失い続け、最終的にすべての運動エネルギーを周囲の気体分子に与えて止まります。

この過程を、振り子と空気を併せたシステムに供給されたエネルギーが、どのように分配されたかという観点から見ましょう。最初の段階では、すべてのエネルギーが錘に集中し、周囲にある膨大な個数の気体分子にはまったく配られないという、ひどく偏った分配でした。錘が気体分子と衝突してエネルギーのやり取りを続けるうちに、こうした偏りが均《なら》されて、供給されたエネルギーが錘と気体分子に平等に分配されるようになったのです。

最終的な段階では、錘はほぼ静止します。厳密に言えば、気体分子と同じく、錘を構成する原子・分子も熱運動をしているのですが、固体内部での熱運動は振幅が原子と同程度の大きさの振動になるので、その動きは目に見えません。

供給されたエネルギーの偏りが均される過程は、すべて1の目を上にしているたくさんのサイコロに振動を加え続けてランダムに転がす状況と、ちょっと似ています。人間がわざわざそうしたので最初は偏っていたけれど、(サイコロが転がったり気体分子がぶつかったりと)デタラメな変化が長く続けば、偏りが均されていきます。どの気体分子がどれだけのエネルギーを持つかというパターンは膨大な数に上るので、パターン数を考えると、この過程は、エネルギーが錘にだけ集中するという「きわめて偏った」状態から、たくさんの気体分子にも分配される「ありそうな」状態への変化と見なすことができます。

エントロピーという指標

1の目ばかりだったサイコロが揺さぶられてさまざまな目になるケースや、動いていた振り子が空気抵抗のせいで停止するケースのように、パターン数の少ない状態から出発したシステムは、パターン数の多い状態へと自然に移行します。これは、（サイコロや分子のような）システムを構成する要素がきわめて多いときには、統計的な振る舞いとしてごく当たり前の、あえて言えば必然的な過程です。逆にパターン数の少ない状態へと変化する過程は、多数のサイコロを揺らしているうちにすべて1の目に揃うような、ひどく不自然で奇妙なものに見えます。

統計的な現象を扱う物理学の分野で、パターン数の多い／少ないを表すのが、「エントロピー」と呼ばれる物理量です。統計法則に従う自然な過程では、パターン数が少ない状態から多い状態へと変化しますが、エントロピーという用語を使うと、「自然な状態変化ではエントロピーが増大する」と言うこともできます。これが、名称だけは専門家以外にもかなり知られている「エントロピー増大の法則」です。

もっとも、言葉は知っていてもエントロピーの意味がわからず、何か神秘的な作用でエントロピーが増大するかのように錯覚する人もいるようです。エントロピーが増大するのは、決して不可解な現象ではありません。ランダムに転がる多数のサイコロや、空気抵抗を受ける振り子のような、ごく当たり前の物事を、物理学的な用語で表現しただけです。

熱はなぜ温度の低い方へ流れるのか？

エントロピーは、もともと、熱が常に温度の高い所から低い所へと流れ、決して逆流しないことを説明するために導入された概念です（以下、ちょっと小難しい話になります）。

物体の温度というと、手で触ったときの「熱い」とか「冷たい」といった感覚を思い出すでしょうが、物理学的には、エネルギーの分配に関係する指標です。物体を構成する原子や分子の間でエネルギーがやり取りされると、しだいに、エネルギー分配のパターンが、偏りのないなだらかな形になります。最終的には、パターンの数が圧倒的に多く、デタラメにエネルギーをやり取りしているうちに最も到達しやすいエネルギー分配に落ち着きます。こうした分配が実現された状態を、平衡状態と言います。

平衡状態に達していない物体では、場所によるエネルギー分配の偏りがあります。平衡状態に比べて大きなエネルギーを持つ原子・分子の割合が多い領域は「温度が高い」、逆に小さなエネルギーを持つものの割合が多い領域は「温度が低い」とされます。高温領域と低温領域がある物体は、平衡状態からずれており、エネルギー分配は、最もありそうなパターンから外れて偏っています。統計法則は、エネルギーを再分配し、ありそうなパターンに近づけようとする傾向として表れます。

物体の内部でエネルギーがランダムにやり取りされると、高温領域にある大きなエネルギーを持つ原子・分子から、低温領域に多いエネルギーの小さな原子・分子へエネルギーが移動します。このエネルギーの移動が、熱の流れです。高温の物体に触れたときの熱いという感覚は、急激なエネルギーの流入を知覚したシグナルです。

平衡状態が実現されていないとき、温度の高い領域から低い領域へと熱の形でエネルギーが流れていきますが、この過程は、パターン数が多く実現されやすい状態への自然な変化です。パターン数が多い状態へと変化するので、パターン数の多寡を表す指標であるエントロピーは、大きくなります。

サイコロのような（エネルギーの分配を伴わない）ケースでは、温度という概念は使われません。ただし、「エントロピーが増大するのは、統計法則に従ってパターン数の多い状態へと自然に移行するからだ」という点は、サイコロでも振り子でも共通しています。

エントロピーの誤解を解く

エントロピーは、しばしば秩序のなさを表す量だとされますが、これは、誤解を招く表現です。実際、エントロピーが小さい状態は、必ずしも秩序のある状態とは限りません。

振り子の運動を思い起こしてください。振り子が大きく振動しているのは、人間にとって「振り子時計がきちんと動いている」といった目的通り機能している状態を意味します。しかし、エネルギー分配の観点からすると、エネルギーが錘に集中しひどく偏っています。偏っていることが、「秩序のある状態」なのでしょうか？

大勢の幼児が一列にまっすぐ並んでいる姿は、大人からすると実に秩序正しい光景ですが、幼児からすれば強制された不自然な状態です。全員がバラバラに動き回っている方が自然です。振り子のケースは、それに似ています。人間の目からすると、きちんと動いていた振り子が停止し、そのエネルギーが周囲にばらまかれるのは、秩序が失われ無秩序になるように感じられるかもしれませんが、エネルギーがどのように分配されるかを考えると、偏りが均されて最も自然な姿に落ち着いた訳です。

なぜ、わざわざこんなことを言ったかというと、エントロピーを無秩序さと解釈した場合、どうしても理解できないことが出てくるからです。もし「エントロピー＝無秩序さ」という解釈が正しければ、エントロピー増大の法則とは、世界が常に無秩序な方向に向かうことを意味します。そう考えたとき、当然、ある疑問が浮かぶでしょう。では、世界が始まった瞬間はどうなのかと。

人間がその中で住む宇宙は、１３８億年前のビッグバンによって誕生したと言われています。仮に、エントロピーが増大する自然な時間変化が秩序の失われる過程だとすると、「ビッグバンの瞬間からどんどんと秩序が失われていったのに、なぜ生命という高度に秩序を持つものが存在できるのか」という謎が生じます。

ビッグバンとエントロピーについて正しく理解していなければ、この謎を解決することはできません。この点について、次節以降で論じていきます。

【コラム】知られざる天才女性がいた

サイコロのような人工的なケースは別にして、自然界で生じる物理現象に話を限ると、ほとんどの場合、エントロピーはエネルギー分配の偏りと結びつけ

られます。エネルギーは、「全エネルギーは常に一定になる」という「エネルギー保存の法則」を満たすことが保証されており、これがどのように分配されるかによってエントロピーの定義が可能になるからです。

それでは、エネルギーとはいったい何でしょうか？　実は、19世紀まではエネルギーについて正確に理解されておらず、20世紀になってようやく厳密な定義が生まれました。それが、「時間が経過しても物理法則が変化しないことから導かれる保存量」というものです。

「物理法則が時間に依存しない」ことは、通常、物理学における基本的な原理と見なされます。この原理を抽象的な数式で表して変形していくと、時間変化をせず一定値を保つ物理量の存在が導かれます。これが、エネルギーなのです。エネルギーとは、物質に活力を与える神秘的な何かではなく、数学的な性質から導かれる量なのです。

こうしたエネルギーの定義は、20世紀初頭に活躍した女性数学者エミー・ネーター（1882－1935）の研究に由来するものです。ネーターは、一般に物理法則が変わらない変換を考察し、そうした変換があれば保存量を定義できること――いわゆる「ネーターの定理」――を証明しました。この定理を使えば、「時間が経過しても変わらない」ならばエネルギーが保存されるのと同じように、「場所を移動しても変わらない」ならば運動量が、「向きを変えても変わらない」ならば角運動量が、それぞれ保存されることが導けます。少し高度な議論を使えば、電荷の保存則も示せます。

女性の数学者がほとんどいなかった時代であり、またユダヤ人だったこともあって、言われなき差別に苦しめられながら、彼女は多くの偉大な業績を残しました。中でもネーターの定理は、量子論の発展に決定的な役割を果たし、物理学に寄与した最も重要な数学理論の一つと見なされています。解析数学を用いた難解な理論なので、ネーターの名前は専門家以外にあまり知られていませんが、間違いなく、20世紀を代表する科学者です。

2. ビッグバンは爆発ではない

ニュートン力学で時間の向きは決まるか？

1個のサイコロが振動によってデタラメに転がり続けるだけの映像ならば、時間を逆向きにして再生しても奇妙には見えません。しかし、最初に1の目ばかりだったたくさんのサイコロがしだいに不揃いに変わっていく過程と、不揃いだったものがすべて1の目に揃う過程では、後者だけが奇妙に見えるはずです。

こうした状況は、時間の方向性を決めているのが、ニュートン力学ではないことを意味します。サイコロは、ニュートン力学に従って転がりますが、その転がり方によって、「過去から未来へ」という時間の向きを特定することはできません。

ニュートンが考案した運動の法則（力＝質量×加速度）は、時間の向きを逆にしても、そのまま成り立ちます。数学的に言えば、時間にマイナス記号を付けることで向きを反転させても、運動法則を表す数式（運動方程式）が変わらないのです。

図2-3　ニュートン力学での時間反転

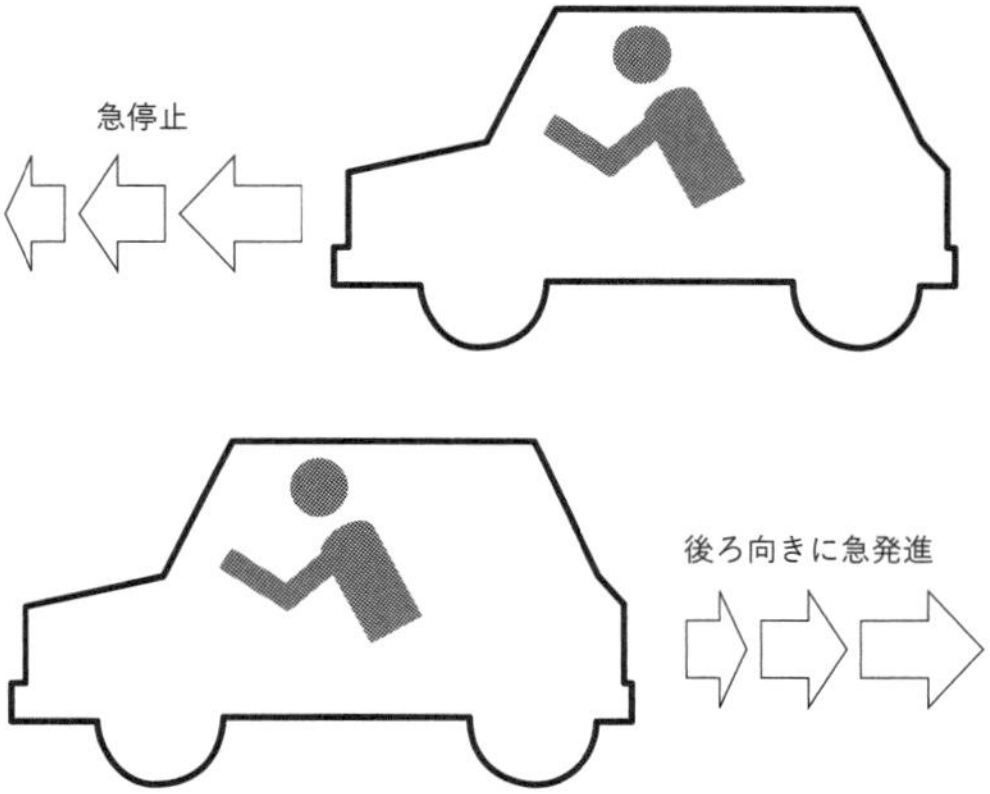

車が急停止すると、乗っている人は、慣性の法則に従って運動を続けようとするため、前に倒れます。この光景をビデオ撮影して逆再生すると、車が後ろ向きに急発進したように見えます。このとき、乗っている人は前に倒れますが、逆再生と知らずに見た人は、慣性の法則に従って静止したままでいようとするので、車が走り出した向きとは逆に倒れたと解釈し、奇妙な映像とは思わないでしょう。つまり、順再生でも逆再生でも、慣性の法則が成り立つニュートン力学に従った映像になるのです。ニュートンの運動法則が、時間を反転しても変わらず成り立つことの結果です。

ただし、エンジン車の場合は、ガソリンの

燃焼という多数の分子が関与する過程が含まれるため、逆再生の映像を子細に調べると、排ガスが排気管に吸い込まれるといった奇妙な現象が映っています。

統計的な過程が表面化せず、数少ない物体がニュートン力学に従って動いているときには、逆再生しても、何の奇妙さもありません。軌道上を動く巨大な惑星にだけ注目し、気象のような統計的現象を無視する場合、時間の向きを決めることはできないのです。楕円軌道や面積速度一定といったケプラーの法則は、惑星運動のビデオ映像を順再生しても逆再生しても、成り立っています。

ニュートン力学に限らず、電磁気学や一般相対論、さらには、素粒子に関する場の量子論まで含めて、基礎的な物理学理論はすべて、時間を反転しても同じように成立し、時間の向きを決められるような法則はありません（厳密なことを言えば、素粒子の場合は、時間反転させるだけでなく、さらに空間を反転させたり物質と反物質を入れ替えたりといった、プラスアルファの操作が必要になります）。

時間経過とともに生じる変化が一方向的だと感じられるのは、基礎的な物理法則の特徴ではありません。言い換えると、「時間を流れさせる」ような物理法則は、現実には存在しないのです。

向きのない法則から向きを生み出す方法

そもそも基礎的な法則に時間の向きがないのならば、どうして宇宙に時間の流れがあると感じられるのでしょうか。サイコロの例を思い起こすと、一つの可能性が見えてきます。

１個のサイコロが振動のせいでコロコロと転がっていく映像を見ても、順再生か逆再生かはわかりません。ニュートン力学が、時間の反転に対して不変だからです。

しかし、はじめにすべての目を１に揃えておき、そこから振動を加えて目を変えていった場合は、事情が異なります。１だけという偏った状態からしだいに偏りがなくなっていく映像を見ても、奇妙な点は感じられません。しかし、これを逆再生すると、ランダムだったサイコロの目がしだいに揃っていく過程となるので、明らかにおかしな光景です。つまり、「時間に向きがある」と感じさせる原因は、「すべての目が１に揃っている」という偏った状態の存在にあるのです。

この例は、基礎的な変化の法則に時間の向きがなくても、最初にひどく偏った状態だった場合、一方向的な変化が生じることを示しています。「過去から未来へ」という時間の向きが決して変えられないと感じるのは、その向きに時間を流れさせる物理法則があるからではなく、はじめの状態が偏っていた結果なのです。物理法則は時間を反転してもそのまま成立するけれど、多数の構成要素が統計的な法則に従って一方向的に変化するならば、時間の向きが決定されるのです。

だとすると、この宇宙の最初の状態は、どんなものだったのでしょうか？

ビッグバンから始まる宇宙

宇宙の始まりについて、かつては神話でしか語ることができませんでしたが、一般相対論が完成すると、科学的な議論が可能になりました。１９２２年、アレクサンドル・フリードマン（１８８８－１９２５）は、アインシュタインが提案した球面構造の宇宙（64ページ「《ＳＦに描かれた時間１》タイムトラベルからひもとく時間論」参照）が時間とともにどのように変化するかを調べました。その結果、この宇宙は不安定であり、じっとしていることができないと判明しました。一般相対論によれば、宇宙空間は、常に膨張か収縮をするのです。

物質の大きさを決めるのは、結晶における原子同士の間隔ですが、その値は原子物理の法則によって定まります。宇宙空間の膨張・収縮とは、こうした物質の大きさと比べたとき、銀河間のスペースが増大・減少することを意味します。宇宙が球面のような単純な構造の場合、宇宙全体が大きくなったり小さくなったりします。

残念なことに、アインシュタインはこの主張を正しく理解できないまま厳しく批判し、そのせいもあってフリードマンの業績はいったん埋もれてしまいます。しかし、フリードマンが37歳で早世した4年後、人間の住む天の川銀河から見て他の銀河がすべて遠ざかっていることが発見され、宇宙全体が膨張しているという「膨張宇宙論」が息を吹き返します。

フリードマンの得た結果を基に時間を逆にたどっていくと、過去のある瞬間に、宇宙は物質がギュウギュウに詰まった高温・高密度状態で誕生したことになります。この誕生のしかたが爆発を思わせるので、最初の瞬間はビッグバン（「大きなバーン（という爆発音）」）と名付けられました。ビッグバン理論は、当初は根拠のない壮大な空想にすぎないと敬遠する人が多かったのですが、１９６０年代になって、ビッグバンの余熱とも言える宇宙背景放射が観測され、現在では、確固たる定説になっています。

ただし、宇宙が爆発から始まったという考え方と、「エントロピーが増大する」という統計法則を結びつけると、奇妙な結果が導かれます。

爆発とは、混乱の極みです。核爆発にせよガス爆発や粉塵爆発にせよ、一般的な爆発は、エネルギーを放出する核分裂や酸化などの反応が連鎖的に生じる過程です。最初の反応がどんな形で起きるか、核物質や可燃性ガスなどの燃料がどのように分布しているか——そうした具体的な要因によって爆発のプロセスは多様に変化するため、爆発で放出されたエネルギーは場所ごとに大きなムラがあります。その結果、巨大なエネルギーの流れが生じ、どんな破壊が生じるかといった周辺への影響は、一様ではありません。

もしビッグバンが巨大な爆発だとすると、宇宙は混乱の極みで始まり、その後、エントロピー増大の法則によって、さらにデタラメさが増していったとも考えられます。これでは、宇宙に秩序のある何かが生まれる可能性はほとんどないでしょう。

にもかかわらず、人間の住むこの宇宙には、生命という高度な秩序を持つものが存在します。物理学的に見て、なぜこんなことが可能なのでしょうか。

答えは単純です。ビッグバンは、実は爆発ではなかったのです。

暗黒エネルギーが膨張を引き起こす

ビッグバンが爆発だと考えられた大きな理由は、宇宙空間が膨張しているという観測

図2-4　膨張宇宙と銀河

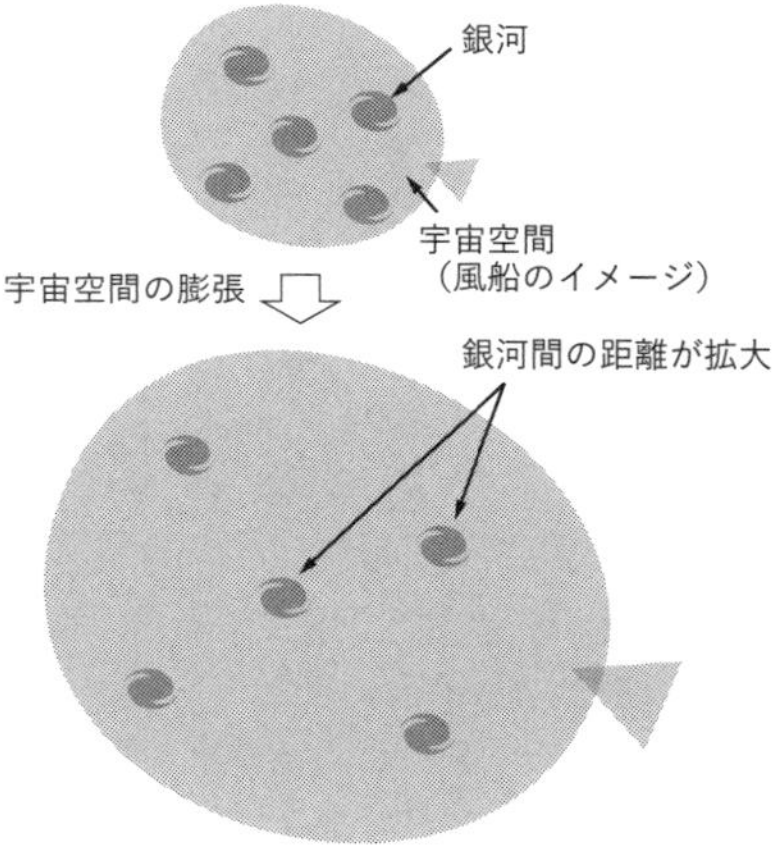

事実そのものでした。

銀河系（天の川銀河）から見ると、他のすべての銀河が遠ざかっていますが、これは、宇宙空間が、銀河を乗せたまま風船のように膨らんでいるためだと考えるとわかりやすいでしょう。風船上のとある銀河からすると、他の銀河はどれも自分から遠ざかるように見えます。

膨張を続ける宇宙全体の映像を逆転して再生すると、宇宙空間は収縮しすべての銀河が接近してきます。最終的には銀河が密集状態になり、それぞれの銀河が持っていたエネルギーがすべて合わさって、とてつもなく巨大な値になります。これが、初期宇宙の高温・高密度状態です。

宇宙は、きわめて高温・高密度の状態から始まって、勢いよく膨張している――このことは、最初の瞬間がとてつもない大爆発だというイメージを生みました。現在の宇宙空間が膨張しているのは、最初の勢いが今なお持続しているからだと考えられたのです。

ところが、その後、別のシナリオが提案されました。宇宙とは、空間の特性に従って膨張しているという考えです。

フリードマンの論文では、一般相対論の方程式に「宇宙項」と呼ばれる項があると、空間が自然に膨張することが示されています。この項は、もともと定数としてアインシュタインが導入したものですが、ビッグバンが起きた原因を説明するには、定数ではなく空間そのものが有する一種のエネルギーと考えると、都合が良いことが判明しました。このエネルギーは、現在「暗黒エネルギー」と呼ばれています。ただし、名前が付けられただけで、具体的にどんな性質を持っているかは、まったくわかっていません。

穏やかだったビッグバン

宇宙空間は、もともと、物質のない空虚な状態のまま、空間自体に備わっている暗黒エネルギーの効果で膨張を続けていました。ところが、ある瞬間に、潜在的な暗黒エネルギーが（言ってしまえば、外部に放出されて）顕在化し、物質や力の基になる場（いわゆる量子場）を激しく振動させます。その結果として、宇宙空間は、量子場の波動が形作る物質に満ちあふれた世界になりました。暗黒エネルギーの顕在化する過程が、ビッグバンです。

ビッグバン以前には、物質が存在しないのでエネルギーの偏りがなく、どこもかしこも同じ状態でした。何もない虚無の世界が、暗黒エネルギーを持つ空間の性質に従って、ひたすら膨張していたのです。

ビッグバンとは、ただひたすらに膨張するだけの虚無の世界が、突然、物質を生み出す世界に移り変わった瞬間でした。なぜこうした変化が生じたのか、暗黒エネルギーが特殊な相互作用を行うせいだとして説明する理論もありますが、多くの物理学者を納得させるには至っていません（ビッグバン以前に暗黒エネルギーだけで宇宙空間が膨張していたという主張は、一般に「インフレーション理論」と呼ばれますが、この理論には数多くのバージョンがあり、決定打と言えるものはまだありません）。わかっているのは、こうした変化が爆発のような連鎖反応ではなく、何らかの理由により全空間でいっせいに生じたことです。

このため、場所による違いはほとんどなく、どこもかしこもほぼ同じような形で物質が誕生しました。

ビッグバンとは、連鎖反応が無秩序に続く爆発とは異質な過程です。エネルギー密度は高いものの、一般的な爆発に見られる激しいエネルギー流を伴わない、穏やかな始まりだったのです。

銀河の豊かさをもたらしたのは?

ビッグバンが起きる直前まで、宇宙空間は暗黒エネルギーの効果によって膨張を続けていたので、ビッグバンの後も、その勢いのまま膨張が続きました。エネルギー分布が一様でどこも同じように物質が生まれたため、場所によって膨張速度に差が生じることもありませんでした。

もし、ビッグバンが巨大な爆発だったならば、エネルギー分布にムラが生じ、その結果、とてつもなく巨大なブラックホールが宇宙空間のあちこちに形成されたはずです。

現在観測される大型銀河には、ほとんどの場合、中心付近に超巨大ブラックホールがあります。天の川銀河の中心部にも、質量が太陽の400万倍と推定されるブラックホールが存在します。しかし、ビッグバンが核爆発のようにエネルギー分布にムラのある爆発だったならば、それとは比べものにならない、超超巨大ブラックホールが宇宙を支配したはずです。

超超巨大ブラックホールがいくつも存在する宇宙では、多くの銀河が丸ごとブラックホールに呑み込まれていきます。物質の流れは想像を絶するほど激しく、物質同士の摩擦で発生した強烈な放射線が飛び交う荒々しい宇宙となります。こんな宇宙では、生命の発生は難しいでしょう。しかし、現実の宇宙は、多くの銀河が並存する穏やかで豊饒《ほうじょう》なものとなりました。

3. 宇宙は壊れていく

共鳴状態として取り残されるエネルギー

この宇宙に物質が誕生した瞬間であるビッグバンは、大爆発ではなく、どこもかしこも同じように高温・高密度となる一様な状態でした。空間膨張が起きなければ、場が言わば熱水のように高温になった状態が維持され、いかなる構造も作られなかったはずです。しかし、空間が膨張し全宇宙の体積が増大した結果、エネルギー密度が低下し温度が下がっていきました。

エネルギーが希薄になると、場の振動がしだいに小さくなって、何もない真空の状態に向かうのがふつうでしょう。宇宙空間は、ビッグバン以前と同じ、何もない虚無の世界へと戻るのが自然のように思えます。ところが、量子場の場合、そうはなりません。所々に、共鳴状態となるエネルギーの塊が残されるのです。ちょうど、巨大な地震が起きた後、大地の震動が収まっても、地震波に共鳴したビルが揺れ続けるようなものです。東日本大震災のときには、東京・新宿の高層ビル群が、周期が数秒というゆっくりした揺れの成分（長周期地震動）に共鳴し、10分以上揺れ続けた建物もありました。

場に残されたエネルギーの塊は、まるで粒子のように振る舞います。これが、（すでに第1章でも言及した）「素粒子」の正体です。なぜ、エネルギーが塊となって取り残されるかは、場の量子論という難解な物理学理論を学ばなければ理解が難しいのですが、ここでは、比喩を使ってごく簡単に説明しましょう。

量子場の強度は、それ自体が波としての性質を持っていますが、どこまでも大きくなれないという制約があるため、言うなれば「閉じ込められた波」になります。ちょうどバスタブに閉じ込められた水の波が同じ場所で上下動するのと同じように、場の強度も、どこにも進んでいかない波――いわゆる「定在波」――を形作ります。定在波は共鳴の一つのパターンであり、そのエネルギーは共鳴が可能となる特定の値に限られるのです。エネルギーが一定量の塊になったものを、アインシュタインは「エネルギー量子」と名付けました。これが量子論という名称の由来です。

量子場が共鳴状態を形成することで、空間が膨張してもビッグバンのエネルギーが完全に希薄化せず、素粒子として取り残されました。これが、物質世界が誕生するきっかけです。

そして物質世界が生まれる

素粒子には、電子や陽子（厳密に言えば、陽子はさまざまな部分から構成された複合粒子で、その構成要素であるクォークが素粒子ですが）のような物質を形作るもの、光の素粒子である光子のように力の源となるものなど、いくつもの種類があります。ここで重要なのは、場のエネルギーがどこにどんな形で取り残されるかは、かなりの程度まで偶然に委ねられる点です。電子や陽子がどこにいくつ形成されるかまで、あらかじめ決まっている訳ではありません。このため、素粒子の密度には、場所による違いがごくわずかに存在します。

宇宙空間が充分に冷えると、残されるエネルギー量子は、ほとんど電子と陽子だけになります。電子と陽子は、それぞれマイナスの電荷とプラスの電荷を持っています。ビッグバン直後の高温期には激しく飛び回っていますが、温度が低くなるにつれて、プラスとマイナスの電荷で引き合って結合し、水素原子を形作ります。こうして、宇宙の至る所で作られた水素ガスは、もともとの素粒子のバラツキに影響されてガスの濃度（水

図2-5　冷えゆく宇宙と物質

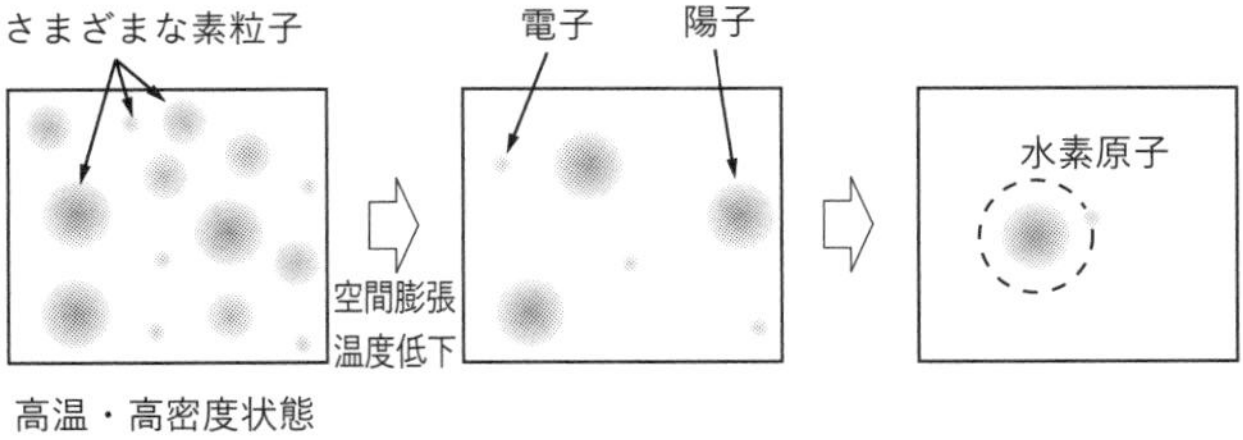

素原子の密度）が揺らいでおり、周囲よりほんのわずかにガスが濃い場所と薄い場所ができてきます。

一般相対論の性質として、エネルギーがどこかに集中すると、その周囲で時空がゆがみ、エネルギーを持つものが互いに引き寄せ合います。これが「万有引力」という重力独自の性質です。この性質によって、ガスの濃度が高い領域には、周囲からどんどんガスが集まり、やがて水素ガスを主成分とするガス天体を形成します。

大量のガスを集めることでガス天体が巨大になると、自分自身が生み出した重力によって中心部で水素ガスがギュウギュウに押し込まれ、ついには水素原子の原子核（通常は１

個の陽子です）が融合してヘリウム原子核に変わる核融合反応が起きます。原子核の構成が変わることで、もともとビッグバンの残留エネルギーとして内部に蓄えられていたエネルギーの一部が放出されますが、この放出エネルギーが天体を加熱し、光り輝く高温の天体を生み出します。恒星の誕生です。

恒星内部では、さらなる核融合が続いて、酸素・窒素・炭素から鉄に至るまでのさまざまな元素が生成されます。これらの元素は、恒星がその寿命を終えて物質を噴き出す際に宇宙空間に放出されます。こうして、物質世界を形作る元素が用意されるのです。

タブラ・ラサとしての初期宇宙

空間が膨張しなければ、ビッグバン直後の一様にエネルギーが広がった状態は、いつまでも維持できます。しかし、現実には、空間には同じ大きさを保てない不安定性があり、宇宙の場合は一貫して膨張していきます。その結果、エネルギーが希薄化して場の温度は下がりますが、ビッグバンのエネルギーが素粒子という共鳴状態となって一部に取り残され、物質を生み出します。

物質は万有引力の作用で互いに引き寄せ合います。こうして、宇宙は一様ではなくなり、真空に近い宇宙空間の所々に天体が浮かぶ、複雑な構造を持つ世界へと変貌します。

このように考えると、われわれが現在見るような物質世界が実現したのは、最初に「まっさらなのに不安定な」状態があったためだとわかります。

ビッグバン直後の一様な高温・高密度状態が空間の膨張によって冷まされていった結果、いったんは、ガスがほぼ一様に薄く広がった状態になります。構造と言えるものがほとんどなく、ガスの濃度にわずかな濃淡があるだけの〝まっさらな〟世界です。

しかし、万有引力という性質によって、このわずかな濃淡がしだいに成長していきます。まっさらだった状態は実は不安定であり、ちょっとしたきっかけで濃度の差がどこまでも拡大して、ガスが凝集した天体と真空に近い宇宙空間とに分かれます。どのようにガスが凝集するかは、出発点でのごくわずかな密度やガス流の違いに影響されるため、無数のパターンがあり得ます。

物質世界を生み出す初期宇宙の状態を表すのに、私は「タブラ・ラサ」という比喩を好んで使います。タブラ・ラサとは、「何も書かれていない石板」のことで、生まれたときの魂を表す言い回しとして使われるのが一般的ですが、初期宇宙のまっさらで不安定な状態も、この言葉がぴったり当てはまるように感じます。まだ何も起きていない、しかし、無限の可能性を秘めた状態なのです。

宇宙が壊れ時間が流れる

宇宙は、まっさらな状態から始まって、その後はずっと〝壊れて〟いきます。ここで壊れると表現したのは、物質が予想もできない形で凝集していく過程です。はじめにすべて1の目を出していたサイコロが振動によって向きを変えていくとき、どんな目の出方になるかは、桁が桁違いになるほどパターン数が多く、ほとんど予想できません。宇宙の時間変化も、それと同じです。どうなるかわからないような変化を続けるので、最初の一様でわかりやすい状態に比べると、壊れるとしか言いようのない錯綜した過程になるのです。

始まりがまっさらな状態であり、そこから壊れていくのが宇宙の宿命なので、その変化は、常に一方向的です。ガスが凝集してできた恒星は、時間が経過するにつれて核燃料を使い果たすと、赤色巨星の段階を経て白色矮星《わいせい》や中性子星、ブラックホールになります。ブラックホールが若返ってふつうの恒星に戻ることはありません。巨大な天体集団である銀河のうち、ガスを豊富に含む若い銀河は天体をさかんに形成しますが、やがてガスを失って新しい天体を生み出さない不毛な楕円銀河になります。巨大な楕円銀河が分裂して、さかんに天体を作る小さな若い銀河になるのは不可能です。

この宇宙において時間が流れるように見えるのは、ビッグバンという始まりに原因があるのです。

生命進化のための猶予期間

初期宇宙のエネルギー分布は、あらゆる方向から降り注ぐ宇宙背景放射によって調べることができます。この放射は、言ってしまえばビッグバンの余熱のようなもので、どの方位からも同じ放射がやってくるならば、ビッグバンのエネルギー分布がきわめて一様だったとわかります。

宇宙背景放射は１９６４年にはじめて観測され、それ以降、観測機器の進歩によって精度が高められてきました。特に、１９８９年に打ち上げられた人工衛星ＣＯＢＥと、２００１年打ち上げの探査機ＷＭＡＰ（地球と同じ軌道に沿って太陽の周囲を回る人工〝惑星〟）のデータが、宇宙論の進展に決定的な役割を果たしました。

現在の観測データによると、ビッグバンの瞬間のエネルギー分布はきわめて一様性が高く、ほとんど揺らぎがありません。ビッグバンは、爆発とはまったく異なる様相を呈していたのです。もう少し揺らぎがあっても、始まりの状態から壊れていくという「時間の流れ（に相当するもの）」は生じます。ただし、揺らぎがほとんどないことによって、宇宙に生命が発生するための猶予期間が生まれたのです。

ビッグバンがこれほど穏やかでなかったならば、生命が発生する余裕もなく物質世界が崩壊していったでしょう。太陽の何十万倍もの質量が一気に集まると、恒星が輝き始めるのに必要な期間を待つことなく、ブラックホールが形成されてしまうからです。

幸いこの宇宙では、物質はあまり激しい流れを作らないまま小さく渦巻いて凝集したため、宇宙論的なスケールからすると小さな恒星が数多く作られました。天の川銀河だけで、少なくとも2000億個の恒星が存在します。

巨大な恒星ほど寿命は短く、質量が太陽の10倍になると寿命は1000万年程度で、知的生命が発生するのはかなり難しくなります。何しろ、地球では、人類が登場するまでに数十億年掛かったのですから。しかし、太陽と同程度か少し小さい恒星ならば、生命の進化が可能になります。

図2-6　恒星と惑星の形成

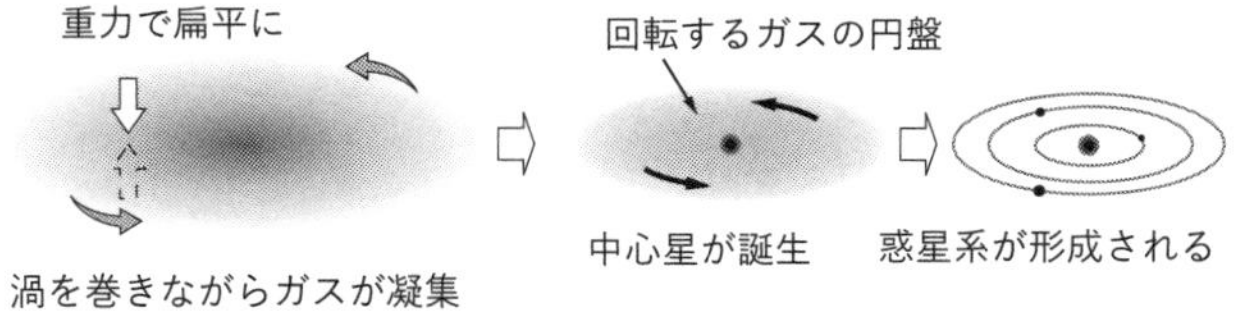

こうした小さめの恒星は、中心部の核融合によって表面温度が数千度と高温になった状態のまま、数十億年から数百億年もの間、輝き続けます。ガスが渦を描きながら凝集したために、恒星の周囲には、多く惑星や小惑星が回っており、中には、地球のように表面に海を持つものも現れます。

宇宙空間は、急激に膨張したために温度が低下し、自然界の最低温度である絶対零度近く（摂氏温度で零下２７０度前後）まで冷却されます。惑星は、恒星からの光を浴びますが、周囲の宇宙空間に赤外線の形で熱を放出してしまうため、恒星に比べてかなり低温になります。

こうして、高温の恒星と低温の惑星という

極端な温度差がある状態が、数十億から数百億年も続くのです。すでに（88ページの「熱はなぜ温度の低い方へ流れるのか？」の節で）述べたように、エントロピーは温度差と密接に関係しており、場所による温度差が大きいほど平衡状態からの偏りが大きくエントロピーは小さくなります。恒星と惑星のシステムでは、こうしたエントロピーの小さな状態が、生命にとって充分に長いと言える期間にわたって維持されるのです。

生命の進化には、この期間がきわめて重要です。宇宙という過酷な世界に生命が誕生し進化したのは、タブラ・ラサの状態から壊れていく途中で、宇宙にとってはほんのいっとき、虚無に帰るまでの歩みを緩めた猶予期間が存在したからです。

宇宙が生命を可能にする

水素と酸素は、宇宙空間に存在する量が1番目と3番目に多い元素なので、この2つが結合してできる水は、惑星系内部にかなり豊富にあります（ちなみに、2番目に多い元素は、化学結合を行わないヘリウムです）。ただし、恒星の近くや重力の弱い惑星では、水などの液体は蒸発して失われ、海のない岩石惑星になります（太陽系の場合は、太陽に近すぎた水星と金星、海を維持できるだけの重力がなかった火星と小惑星）。また、水が氷結するほど恒星から遠いと、氷が重力で集まって惑星のコアとなり、巨大な惑星を形成します（太陽系では木星から海王星までの惑星）。

地球のように、太陽からの距離や質量が適切な値だと、かなりの長期間にわたって、地表に海を維持することができます。こうして、高温の恒星から放出された光が低温の海へと持続的に流れ込むシステムが形成されます。生命の発生・進化に必要なのは、こうしたシステムです。

エントロピーが増大する最も典型的な過程は、高温領域から低温領域へと熱が流れる過程です。温度差の大きいシステムのエントロピーは小さく、全体の温度を等しくする方向に熱が流れることで、エントロピーが増えていきます。恒星－惑星系は、高温と低温の領域がきっちりと分離されたエントロピーの小さな状態にあり、恒星が放出する放射のエネルギーが冷たい宇宙空間にばらまかれるという形で急激にエントロピーが増大するシステムです。このように激しいエネルギーの流れが起きているシステムでは、その流れに随伴する形で局所的にエントロピーの減少する過程が起こり得ます。生命は、恒星から放射されるエネルギーの一部が、惑星表面に形成された冷たい海に降り注ぐことで誕生したのです（この過程については、第4章で詳しく説明します）。

人類が生きるこの宇宙では、ビッグバンが穏やかだったおかげできわめて多数の恒星－惑星システムが形作られ、至る所で高温の恒星から低温の惑星へと光が降り注いでいます。その中のごく一部で、偶然に生命の発生と進化が引き起こされるのですが、母集団となる恒星－惑星系の数が大きいので、惑星たちのどれかで生命が発生・進化する確率は、かなり高くなるはずです。穏やかなビッグバンが発端となって、生命の存在が可能になったのです。

宇宙規模のエントロピー変化という巨大な過程の中で育まれたからこそ、人間が時間の流れを感じ取るのかもしれません。

もっとも、時間の流れを感じさせるこうした変化が、永遠に続く訳ではありません。数千億年も経つと、太陽と同程度の質量を持つ輝かしい恒星は宇宙から姿を消し、質量が小さく赤外線しか放射できない弱々しい恒星ばかりになります。それでも、原始的な生命がどこかに生き残るかもしれませんが、数十桁の年数が過ぎると、物質的な天体はすべて崩壊し、宇宙には、ブラックホールと、その間を飛び交う希薄な素粒子だけが残されます。さらに、ブラックホールも蒸発して、宇宙には事実上何も存在しなくなります。

もはやエントロピーの増減がなく、時間が流れない世界になるのです。

【コラム】時間を逆走する素粒子

あるタイプの素粒子には、通常の粒子に対して「反粒子」が存在します。電子に対する反電子（歴史的な理由で「陽電子」と呼ばれます）、陽子に対する反陽子などです。粒子と反粒子は場に生じた逆向きのねじれのようなもので、場にエネルギーを注入すると粒子と反粒子がペアで生成され、逆に、衝突するとペアで消滅しエネルギーが放出されます。われわれの身の回りに、まとまった反物質は存在しません。

もし、粒子と反粒子がペアでできたり消えたりするだけならば、両者は常に同数であり、宇宙空間が冷えてきたときに合体して、ともに消滅するはずです。なぜ、この宇宙には粒子からできた物質だけが残り、反物質が消えたのでしょうか？

長く物理学者を悩ませてきたこの謎を解いたのが、旧ソビエトの物理学者アンドレイ・サハロフ（1921－1989）です。難しい話なので、要点だけ簡単に紹介しましょう。

反粒子の振る舞いを表す式では、時間の符号が粒子の式と逆になります。これは、式で表すときの慣習にすぎず、反粒子が未来から飛んでくる訳ではありません。ただし、時間の符号を反転させたとき、粒子と反粒子の振る舞いに差があると、宇宙における両者の運命に違いが生じます。

もし、時間を反転させても差がないならば、どちらか一方だけが残ることは決してありません。しかし、電子が反陽子に変化するようなタイプの素粒子反応があり、しかも、時間反転に対する差のせいで、電子が反陽子に変わる過程と、反電子が陽子に変わる過程が等しい頻度で起きないとすると、状況が変わります。宇宙初期のある瞬間に、電子と反電子、陽子と反陽子が同数でなく、前者が後者よりもほんのわずかに多いという事態が起こり得るのです。この宇宙では、実際にそうした事態が起きたために、物質だけが残ったと推測されています。

サハロフは、後に人権活動家として有名になり、その業績でノーベル平和賞を受賞しますが、物理学者としても超一流だったことを知ってほしいと思います。

《SFに描かれた時間2》

文学に登場したエントロピー

エントロピーは、多くのSFの中で、ある種の〝キラーワード〟として使われます。ただし、単なる「無秩序さの尺度」のような不正確な意味で使用されているケースが多く、物理学者が頷ける作品は少数派です（SF以外でも、エントロピーという用語を正しく用いていない著作は、たくさんあります）。

例えば、2011年に放映されたテレビアニメ『魔法少女まどか☆マギカ』では、終盤にキーパーソンが「きみはエントロピーという言葉を知ってるかい？」と語り始め、「エネルギーは形を変換するごとにロスが生じる。宇宙全体のエネルギーは目減りしていく一方なんだ」と論じます。

ここで言うエネルギーとは、運動エネルギーなどの力学的エネルギーにエントロピーの寄与を加えた「自由エネルギー」のことで、素朴に言えば「利用可能なエネルギー」を意味します。エントロピーが増大すると利用できるエネルギーは減少するので、まさに目減りする一方です。

ここまでは真っ当な物理学の話ですが、すぐその後、人間の感情をエネルギーに変換できるという話になり、「きみたちの魂は、エントロピー［増大の法則］を覆すエネルギー源たり得るんだよ」と主張して、科学的な議論から遠のいていきます。

この作品は、エントロピーだけでなく相転移や並行世界などのジャルゴン（特定の業界や仲間内でしか意味が理解できない専門用語）を多用し、科学的に正確ではありませんが、視聴者にさまざまな問題を深く考えさせる優れたファンタジーです。

ここでは、エントロピーについて正しく理解している作品として、３つの小説を挙げておきましょう。

✦ピンチョン「エントロピー」に描かれた熱死の光景

20世紀後半のアメリカを代表する文豪トマス・ピンチョンが若き日に執筆した短編小説で、ＳＦと言うより純文学です。

物語は、じきアパートを出るつもりの住民が催したいつまでも終わらない乱痴気パーティと、すぐ上の階におけるあり得ないほど芸術的で静謐な時間の流れを、クラシックからジャズに至るさまざまな音楽の引用で彩りながら対比的に描き出します。

興味深いのは、エントロピーの法則を踏まえた直喩が至る所で用いられる点です。エントロピーの増大は、温度差をなくす方向に世界を変化させますが、ピンチョンは、温度が均一になりつつある「熱死」の光景を描写します。死にかけている小鳥を手で包んでも、まるで「熱の移動が不可能になったかのように」どうしても暖めることができません。果てしなく続くパーティの間、「天気は激しく変わっているのに、水銀柱は華氏37度を指したまま」です。「空は一面、深まりゆく均一な灰色」に覆われてしまい、世界から差異が失われていきます。

作者は、エントロピー増大の法則を、秩序立った差異が失われ混沌とした同一化に向かう傾向として捉えていますが、科学的な観点からしても、かなり正確な理解です。

✦テッド・チャン「息吹」は人類に向けた黙示録

エントロピーの本質を捉えたＳＦ作品と言えば、中国系アメリカ人作家テッド・チャンの短編「息吹」をまず挙げるべきでしょう。現実とはまったく異質の空想的な世界を描きながら、そこに現れた異変を研究する科学者の出した恐るべき結論は、人類に向けた黙示録として読むこともできます。

現実の宇宙で生命を可能にするのが、恒星から惑星への光の放射なのに対して、この小説に描かれた世界では、気圧の差による空気の流れが生命活動を推進するエンジンとなります。気圧の差は、長い間ほぼ一定に保たれていますが、それでも、少しずつ、しかし確実に減少してきます。それは、エントロピーが増大し温度の差が失われていく世界のメタファーなのです。

作者のテッド・チャンは、１９９０年のデビュー以来、30年間で2冊の短編集しか発表していない寡作家ですが、『メッセージ』というタイトルで映画化された「あなたの人生の物語」をはじめ、きわめて質の高い作品をポツリポツリと発表することで知られています。

✦イーガン『アロウズ・オブ・タイム』における時間が流れない世界

SFは「現実」という枠組みに縛られないことで、一種の思考実験を可能にします。グレッグ・イーガンの『クロックワーク・ロケット』『エターナル・フレイム』『アロウズ・オブ・タイム』から成る「〈直交〉3部作」は、時空の幾何学がミンコフスキー時空（54ページ「【コラム】時空を発見した科学者」参照）とは異なる世界の物語で、科学者たちが来たるべき破局をどのように回避するかを描き出します。

よく知られているように、相対性理論では、光速が自然界の最高速度だとされますが、これは、ミンコフスキー時空において、時間と空間の間に乗り越えられない境界があることから導かれます。最も速いのは、この境界に沿うように移動するケースで、光およびその他いくつかの素粒子の運動が該当します。

一方、イーガンの3部作では、時間と空間を隔てる幾何学的な条件を変更します。われわれの宇宙では、現在と過去／未来の間で移動したり情報をやり取りしたりすることができません。これは、「過去は過ぎ去り未来はまだ来ていないから」ではなく、時間と空間の境界を乗り越えられないからです。しかし、そうした境界のないイーガンの宇宙では、（特に第3作『アロウズ・オブ・タイム』で取り上げられるように）因果律が成り立たなかったり、ビッグバンからエントロピーが増大し続けるという「時間の流れ」が生じなかったりと、いろいろ奇妙な状況になります。

こうした宇宙を舞台に破綻のない物語を組み立てられるのか、イーガンは綱渡りのようなストーリー展開の技を見せ、科学的知識のある読者をも楽しませてくれます。

第3章

循環する時間、分岐する時間

一般相対論によって、「伸縮可能なキャンバスの縦糸のようなもの」という時間の正体がかなり明確になりましたし、ビッグバンに関する観測データが集まったことで、なぜ時間が流れるように感じられるのかも、ほぼ判明しています。では、時間は解明され尽くされたのかというと、そんなことはありません。まだまだ多くの謎が残されており、中には、SFのテーマになりそうな常識外れのものもあります。

この第3章では、時間の循環（未来から過去に戻る経路がある）と分岐（歴史が枝分かれしていくつもの世界が並存する）という、2つのトピックを取り上げます。どちらも、既存の学説を元に推論を極限まで推し進めた結果として導かれたもので、現代物理学の帰結であるにもかかわらず、異端の理論とでも言うべき奇怪な内容です。はたして正当な主張かもわかっていませんが、興味深い話題なので、あえて紹介したいと思います。

1. 循環する時間

時空はどこまで変形できるか？

時間移動するタイムマシンを作ることは、古くからの人類の夢ですが、いつか叶えられるのでしょうか？

一般相対論によれば、時空は、エネルギーの分布に応じて伸縮したり変形したりします。ニュートンが思い描いたように、「空間はきっちりした枠組みとなり、時間は宇宙全体で均一に流れる」のではありません。とすると、時空をうまく変形すれば、時間移動ができるのでは……と期待する人がいるかもしれません。

現実には、時間移動ができるように時空をゆがめることは、至難の業です。粘土細工を扱うように、未来のどこかで時空をグニューと引き延ばし、過去の適当な地点にひっつければ、未来と過去をつなぐ〝タイムトンネル〟になりそうです。でも、時空を引き延ばしたりひっつけたりするという作業が何を意味するのか、物理学的に考えるとよくわからなくなります。

人間が見知っている世界は、1次元の時間と3次元の空間で構成されていますが、〝ふつうの〟一般相対論で扱うのも、これと同じく4次元の時空です。時空の変形とは、この4次元時空の各地点で時間・空間の尺度を変えることであり、それ以上の複雑な変形はできません。

具体的なイメージを使って説明しましょう。書物をうっかり水で濡らしてしまうと、ページが波打ってデコボコになります。これは、水がしみ込んだせいで紙の繊維が移動し、紙面上のある点と別の点の間隔が、平面の状態から変化した結果です。しかし、紙面上の長さが変わっただけでは、波打つことはあっても異なる紙面が融合することはできません。

一般相対論の時空も、これと似たようなものです。水に濡れた書物と同じく、エネルギーによって長さの尺度が変わり2点間の距離が変動しますが、粘土細工のカップに取っ手を付けるように、異なる地点をつなげることはできません。ふつうの一般相対論では、伸び縮みする時空を外側から変形させるといった状況は、想定されていないのです
（第1章64ページの「《SFに描かれた時間1》タイムトラベルからひもとく時間論」で紹介したブ

レイン宇宙論のように、4次元時空の外側を考えることができる〝ふつうでない〟一般相対論もありますが、そうした理論の支持者は少数です)。

タイムマシンの作り方

未来に行くタイムマシンならば、原理的に可能なことが知られています。時間の進み方は天体に近いほどゆっくりになるので、「自分にとっての時間」で考えると、低地に住む人は高地の人よりもわずかに早く未来に到達します。スカイツリーの地上階にいる人は、10万年経つ間に、ずっと展望台にいる人よりも1秒先の未来に進んでいます(生きていられればの話ですが)。

光速に近い〝亜光速〟で航行する宇宙船が完成すれば、もう少し効率的に未来に行くこともできます。これは、高速移動すると時間の進み方が相対的に遅くなる「ウラシマ効果」を利用するものです。

ウラシマ効果は、時間が全宇宙で一様に流れるのではないことの直接的な現れです。

街中をある地点から別の地点まで歩いたとき、どれだけ疲労するかは、2地点間の空間的な距離ではなく歩いた道のりに依存します。クネクネと曲がった道に沿って歩けば、直線距離では近い場所でも、到着するまでに疲れてしまいます。

それでは、ある地点から別の地点に移動する際に体感する経過時間は、どうなるでしょうか？　宇宙のどこでも同じように時間が流れるというニュートン力学の前提によれば、どんな経路で移動しても、移動する人が感じる経過時間は、全宇宙で共通な時間間隔（時間的な距離）に等しくなります。しかし、相対性理論の場合、実際に動いた長さが2点間の空間的距離ではなく道のりになるのと同じように、実際に経験することになる時間は、時空の内部をどのように動いたかによって変わります。

例えば、光速の80パーセントの速さで、4光年離れたアルファ・ケンタウリまで亜光速宇宙船に乗って旅する場合、地球から見ると、（光が4年で到達する距離を光速の80パーセント、すなわち5分の4倍のスピードで進むので）片道5年掛かるように見えます。ところが、宇宙船の搭乗員からすると、アルファ・ケンタウリに着くまで3年しか経っていないことが、相対性理論に基づく計算から求められます（物理学を少しかじった人は、ローレンツ短縮という現象を聞いたことがあると思いますが、宇宙船から見ると、地球とアルファ・ケンタウリがともに光速の5分の4で動いているのでローレンツ短縮が生じ、両者の間隔が4光年の5分の3倍に変化するため、3年でアルファ・ケンタウリが宇宙船のところまでやってくるのです）。

宇宙船が往復して帰ってきたとき、地球上でじっとしていた人は10年待っていたのに、乗組員は6歳しか歳をとっていないのです。乗組員たちは、４年分だけ未来に進んだ訳です。

もっとも、天体近くで暮らす場合でも、亜光速宇宙船に乗る場合でも、他の人に比べて早く未来に到達することしかできません。あくまで片道切符であり、過去には戻れないのです。

それでは、過去に戻るタイムマシンは、原理的に製造不可能なのでしょうか？　長い間、過去に戻れないのは物理学の常識だと思われていました。ところが、１９８８年にキップ・Ｓ・ソーン（１９４０－）が、ワームホールを使えば過去に戻るタイムマシンが作れるという論文を発表し、大きな話題になりました（ワームホールについては、第１章の「《ＳＦに描かれた時間１》タイムトラベルからひもとく時間論」参照）。

ワームホールのトリセツ

ソーンは、重力波に関する理論的予測によって２０１７年にノーベル物理学賞を受賞する一般相対論の大家であり、その発言は学界に強い影響力を持っています。そのソーンが過去に戻ることが可能だと言い出したのですから、トップクラスの科学者たちが本気で論争に加わる騒ぎになりました。

ソーンの議論では、まず、ワームホールがあると仮定します。

巨大なワームホールが太陽系の近くに存在する可能性は、ほぼゼロです。宇宙全域を考えても、ありそうにないと言えるでしょう。ワームホールは不安定で、現実にあるかどうかもわからない不思議な物質（第1章でも言及したエキゾチック物質）がなければ、一瞬で壊れてしまいます。

ただし、原理的に存在できないと証明された訳ではありません。もしかしたら、原子より小さなスケールで、時空がフラフラと揺らいで極小ワームホールができたり消えたりしているかもしれません。そんな小さなワームホールを何らかの技術で巨大化し、どこからかエキゾチック物質を探し出して壊れないようにすることが、「絶対にできない」とは言い切れないのです。

仮に時空の2点をつなぐワームホールが存在するならば、その両端があるはずです。そこで、そのうちの一方の端を、ウラシマ効果を使うなり巨大天体のそばに置くなりし

図3-1　両端に時間差のあるワームホールイメージ

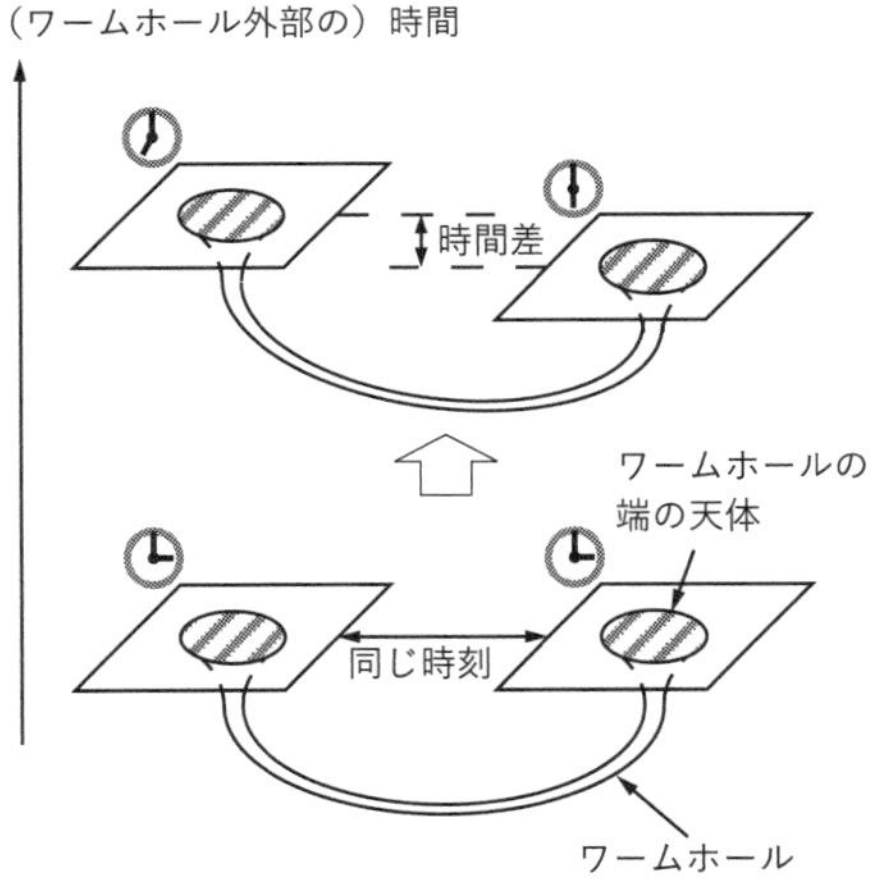

て、もう一方の端よりも時間がゆっくり進むようにします。

ワームホールの端がどうなるかは、よくわかっていません。あらゆる物質を呑み込むブラックホールか、逆に噴き出すホワイトホールだという可能性もあります。とにもかくにも、何らかの手段を講じて、時間の進み方に差を付けます。

エキゾチック物質を利用した支え方にもよりますが、理想的な場合、ワームホールの両端は内部で時間差なく直結しています。このため、一方の端から中に入り込むことができれば（そして、強い重力勾配でズタズタにされたりしなければ）当人にとって一瞬のうちに他方の端から飛び出します。

もし、何らかの操作で両端の時間に差が付けられたならば、外部から見て、ワームホールに入った時刻と出てくる時刻がずれているはずです。やり方によっては、入った時刻よりも過去の時刻に出てくることも可能でしょう。これが、過去に戻るタイムマシンです。

現実に作れなくとも……

おわかりだと思いますが、突っ込みどころが無数にあり、人間の技術でタイムマシンを作るのは、現実問題として不可能だと言えそうです。それでも、ブラックホールの研究で画期的な業績を上げたスティーブン・ホーキング（1942－2018）をはじめ、何人もの科学者がこの問題に関する論考を発表しています。

現実には作れないものについて議論するとは、何とも無意味なことだと思えるかもしれませんが、これが科学のやり方です。科学とは、論理を重んじる学問です。まず仮説を立て、そこから論理的な帰結を引き出し、実験や観察で得られたデータと比較する――この方法論を実践するために、科学者は論理性を重んじるのです。

もしかしたら、一般相対論は、どこかに論理的な欠陥があって完全ではないのかもしれません。それがどこにあるかを見いだすためには、許される限りの論理的推論を積み重ね、破綻が生じる箇所を明確にする必要があるのです。

過去に戻るタイムマシンがある場合、いわゆる「タイムパラドクス」という形で論理が破綻する可能性があります。「パラドクス」という用語はいろいろな意味で使われていますが、ここでは、「ある前提から厳密な推論で導かれたにもかかわらず、結論に矛盾がある」ような議論を指すことにします。タイムパラドクスが既存の物理学理論の範囲内で回避できるのか、それとも、理論を根底から書き直す必要があるのか、科学者たちは、この点を見極めようとして、実用的には無意味に見える議論に今なおチャレンジしているのです。

タイムパラドクス!!

タイムパラドクスとは、過去に戻れたと仮定した場合に生じる矛盾のことです。特によく知られているのが、「親殺しのパラドクス」という物騒なものです。

ある人がタイムマシンに乗って過去に戻り、まだ自分を生んでいない親を殺したとし

図3-2　親殺しのパラドクス

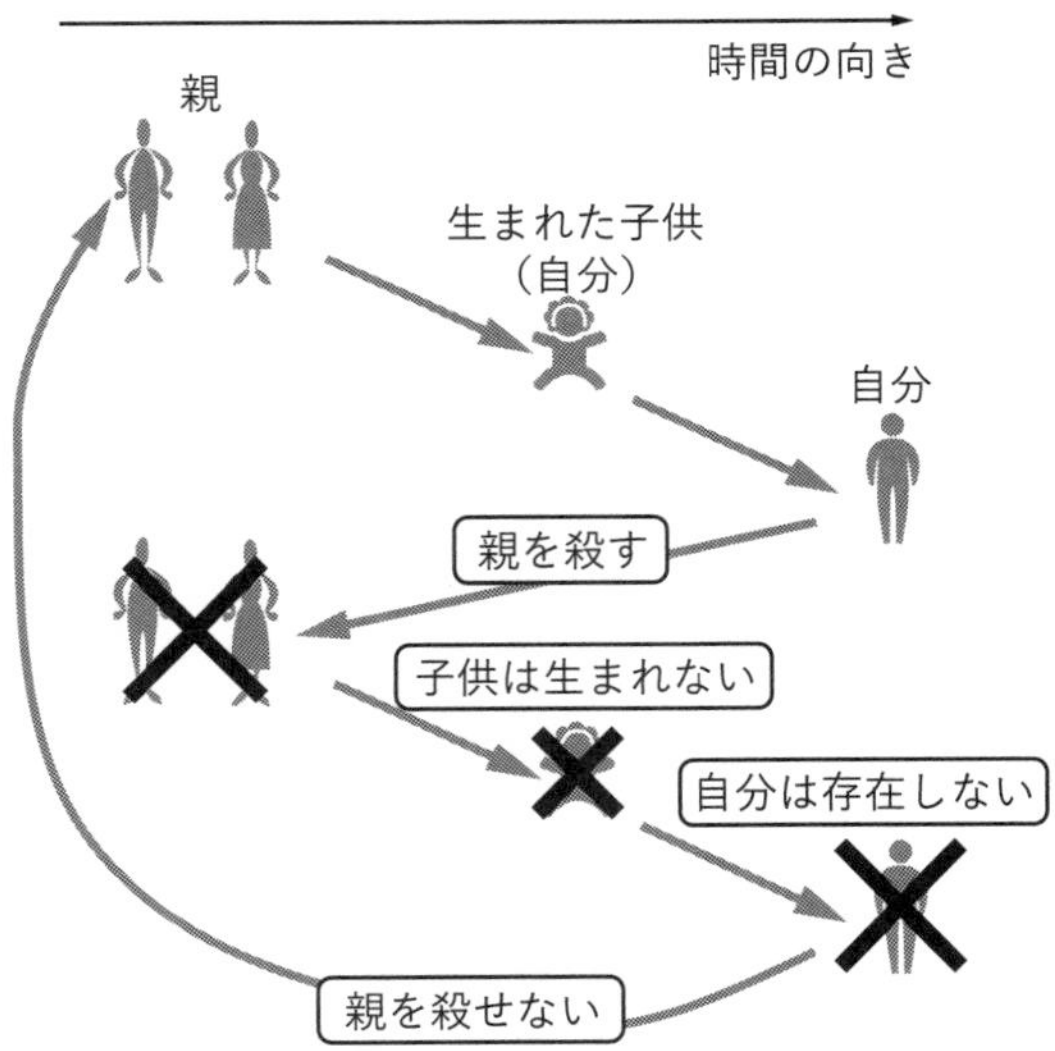

ます。すると、生む親がいないのですから自分が存在するはずはなく、自分が存在しなければ親を殺すことはできない。ならば、親は死なないので自分が生まれ、生まれた自分が親を殺すので……と議論が堂々巡りになります。「過去に戻って親を殺す」という前提から出発すると、「親を殺せない」という（前提と矛盾する）結論が導かれるので、パラドクスなのです。

タイムパラドクスは、しばしばＳＦの題材として取り上げられます。親殺しのケースも、元はフランスのＳＦ小説に由来するようです。このため、文学的な奇想と見なされることもありますが、パラドクス自体は、ソーンやホーキングも議論した科学的なテーマです。

親殺しのような具体的な出来事を例にとると、状況をイメージしやすいという利点はありますが、何がパラドクスを引き起こす根本的な原因かがはっきりしません。親殺しの場合、「親を殺そうとしても、（さまざまな邪魔が入り、あるいは、強い禁忌の意識が生じて）どうしても殺せない」という文学的な説明で済まされることもあるでしょう。通俗的な作品ならば、「歴史の改変を防ぐために組織されたタイムパトロール隊が阻止する」といった楽しいお話も許されます。しかし、科学的な議論をするには、不必要な枝葉を

図3-3　バスケットボールで考えるワームホール

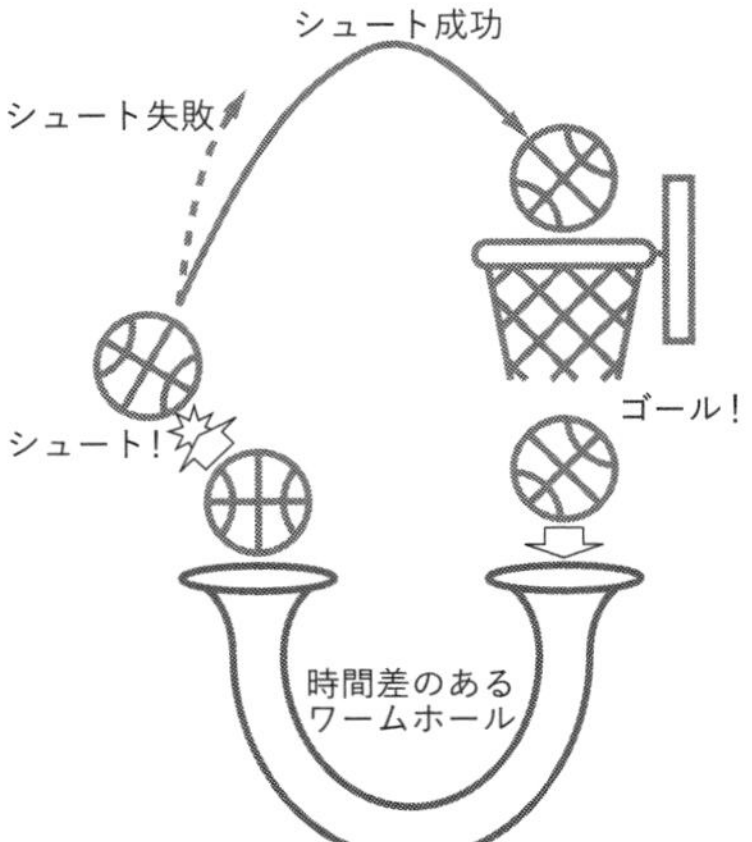

切り捨てて、物事の本質を見つめる必要があります。

タイムパラドクスを論じる際、人間は存在しなくてもかまいません。バスケットボールでシュートが決まった場合を考えましょう。ゴールのすぐ下に、両端に時間差のあるワームホールが口を開けており、そこに入り込んだ物体は、シュートを打った直後の位置に現れるような時空構造があるとすると、ゴールに入ったボールはワームホールから出た途端に自分自身と衝突します。すると、軌道が変わってシュートは決まらず、その結果としてワームホールに入り込めないので……と堂々巡りになり、やはりパラドクスが成立します。人間が関与しようとしまいと、「過去に戻る」という事態が起こり得るならば、パラドクスが生じる可能性が出てきます。

バスケットボールのゴールは人工的な施設なので人間を必要とするはずだと言うなら、「超新星爆発を起こした太陽から物質が激しく噴出し、近くのワームホールを通って太陽の元になる原始星雲に降り注いだ結果、天体形成が妨げられた」という例を考えてみてください。タイムパラドクスは、人間がいなくても引き起こされるのです。

タイムループの落とし穴

（第1章でも述べたように）現代物理学の根幹は、場の理論です。場の理論によれば、物理現象が時間や空間を飛び越えることは許されません。「過去に戻る」場合でも、ワームホール内部などを物理現象が連続的に伝わって時間を遡《さかのぼ》ります。こうした連続的な伝播は、「時間的」な曲線に沿って生じます。

「時間的」とは、光速を超えずに移動することができる2点の位置関係を指します（どこかで光速を超えてしまう場合は、「空間的」と呼ばれます）。相対性理論には光速を超えられないという物理的制約があるため、時間的な曲線で結べない（すなわち、どこかで光速を

図3-4　タイムループ

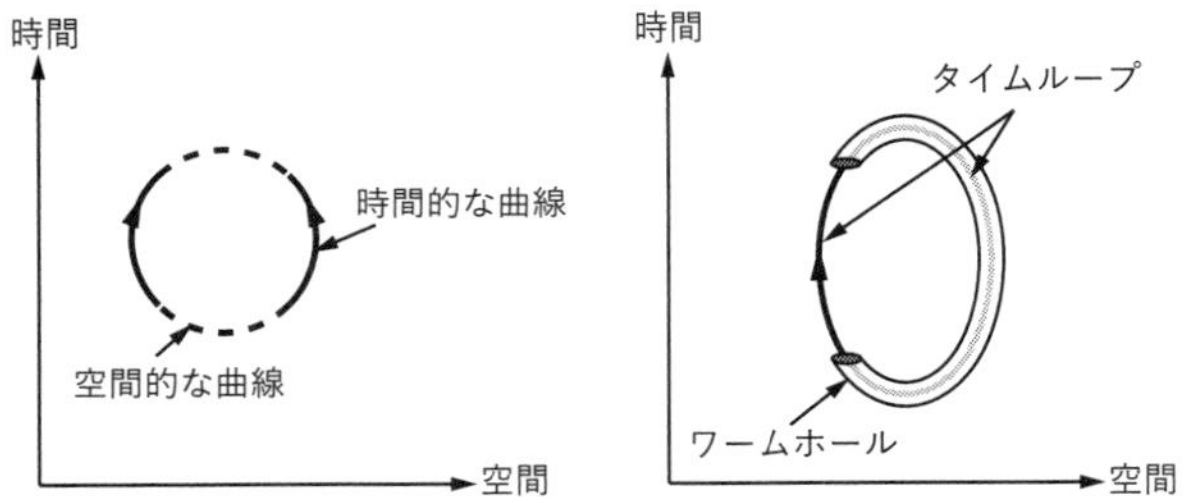

【通常のループ】
(時間と空間の単位は、「年」と「光年」のように光速が１となるものを選んだ)

【タイムループ】
〈ワームホールの両端は直結〉

超えなければ、その間を移動できない）２点の間では物理現象が伝わることができず、一方から他方に影響を及ぼすことはできません。

さらに、タイムパラドクスが起きるためには、過去の自分（あるいは自分を生み出したもの）がいた場所に戻ることが必要です。時間的な曲線に沿ってワームホール内部を移動したところ、この宇宙とは別の宇宙に飛び出してしまうのならば、パラドクスは起きないでしょう。時間が大きくなる方向に向きを付けた時間的な曲線をたどっていくうちに、自分がいた場所に戻ってしまう――まるで自分の尻尾を咥えたウロボロスの蛇のような――曲線があってこそ、パラドクスが起こり得るのです。

こうした事態が起こり得るのは、どこもかしこも時間的であるような曲線が、閉じて輪になる場合に限られます。こんな輪をふつうの時空で作ろうとしても、どこかで空間的な（すなわち、超光速でなければ移動できない）部分ができてしまい、時間的な曲線だけでは輪になりません。

閉じて輪になった時間的な曲線のことを、物理学者は「時間的な閉曲線（closed timelike curve; CTC）」というお堅い言い回しで表現しますが、私は「タイムループ」と呼ぶのが好きです。タイムループは、それに沿って（どこも時間的なので常に光速以下のスピードで）進んでいくと、出発したときの時刻と位置に戻るような曲線です。もし人間がタイムループに沿って動いていけば、過去の自分とぶつかることになります。

ソーンが両端に時間差のあるワームホールを論じたのも、タイムループが一般相対論の枠内で存在し得ることを示すためでした。ワームホール内部で時間の経過がなく一瞬で通過できるとすれば、時間的な曲線の両端が直結するからです。タイムパラドクスが起こる根本的な原因は、ワームホールではなくタイムループの存在なのです。

【コラム】うるう秒をどうする！

一般相対論では時間や空間が伸び縮みすると言いましたが、何を基準にするのか気になった人もいるでしょう。

時間の単位となる秒は、昔は地球の自転によって定義されていましたが、今は違います。大ざっぱに言うと、特定の条件下でセシウム原子から放出される光の周期によって定義されます。ちゃんとした定義を書いておくと、「セシウム１３３原子の基底状態における超微細構造準位間の遷移によって生じる光の振動周期の91億９２６３万１７７０倍」が1秒です。

この周期は、セシウム原子内部で電子の場が行う振動と関係しており、基礎的な物理法則によって定まります。つまり、振り子の振動や自転の周期のように、われわれの身近にあるものを便宜的に基準としたのではなく、あらゆる場所に備わっている物理法則を元に、時間の基準を定義した訳です。

メートルやキログラムは秒を元にして定義されます。その理由は、現在の技術で最も精密に測定できるのが時間だからです。スカイツリーの地上階と展望台における時間の差を測定した光格子時計は、300億年間で1秒も狂わないと言われる正確さです。

正確な時計による計測の結果、地球の自転周期はミリ秒程度の範囲で頻繁に変動することが判明しました。長期的には、月との相互作用のせいで遅くなる傾向にあるものの、短期的に見ると、巨大地震や氷河の融解などによって、微妙に速くなったり遅くなったりします。そのせいで、原子時計だけに基づいて時間を定義すると、「正午に太陽が南中する」といった天体観測に基づく時間から、しだいにずれてきます。国際的な標準時である協定世界時は、天体観測による時間とのずれを小さくするように、不定期的にうるう秒を挿入して調整していますが、デジタル機器に悪影響を与える危険性があるので、うるう秒は2035年までに、廃止される見込みです。

2. 未来はどこまで定まっている？

いかにしてパラドクスを避けるか

パラドクスとは論理矛盾であり、パラドクスが起きることは、論理的な学問であるはずの物理学の破綻を意味します。これまで、パラドクスが生じると主張されたケースはいくつかありましたが、多くは、理論を改良することでパラドクスを回避する方法が見つかりました。

物理学者は、パラドクスが見つかったとしてもすぐに理論を放棄せず、既存の理論がどこまで適用できるか、新理論に至る突破口はどこにあるかを考えるため、パラドクスの原因を探ります。タイムパラドクスのケースでは、その起源がタイムループの存在にあることが突き止められました。

「タイムループは原理的に存在できないはずだ」と考える物理学者は、少なくありません。実際、「ワームホールがあればタイムループが存在できる」というソーンの主張は、

「ワームホールは不安定ですぐに壊れる」「安定なワームホールがあっても両端に時間差を生み出すことは不可能」「両端に時間差があっても内部を通り抜けられない」などの反論にさらされています。

「タイムループは存在できない」と証明できれば、「タイムパラドクスは起きない」という形で問題解決です。しかし、現時点では、「ワームホールを安定化することは現実問題としてほぼ不可能だと思われるが、原理的に（＝絶対に）不可能だとは言い切れない」という状況にあります。

そこでとりあえず、タイムループが存在し、このループに沿って物体が移動できると仮定した場合、タイムパラドクスは不可避なのかを考えることにします。タイムパラドクスが起きるのならば、論理的であるべき物理学理論が論理的に破綻することになり、理論のどこかが間違っていると考えられます（もしかしたら、論理的でなければならないという物理学の大前提が間違っているのかもしれませんが）。

タイムループが存在する場合でも、タイムパラドクスは回避できるという主張もあります。そうした主張の一つが、原因と結果に関する常識にメスを入れるものです。

決定論とタイムパラドクス

常識的な発想によれば、「過去における事実が先に決まっており、その後、時間の順序に従って未来の事実が決まっていく」はずです。時間が宇宙全域で一様に流れることを前提とするニュートン力学は、この常識に基づいて組み立てられています。

バスケットボールを例に取りましょう。人間の手を離れた瞬間の位置と速度が与えられると、（空気抵抗もニュートン力学で扱えるといった前提の下で）「ボールがどのように移動するか」という事実の連鎖は完全に決定されます。すべての場所で時間が過去から未来へと同じ順に並んでいるのならば、こうした事実の決まり方に何の矛盾もありません。

ある時刻の状態が事実として与えられたとき、それ以降の時刻で何が起きるかが物理法則によって決定される世界は、「決定論」に従うとされます。ニュートン力学は、決定論的な理論です。人間の住むこの宇宙が厳密な決定論に従っているのならば、ビッグバンの瞬間に、それ以降の歴史で何が起きるか——今日の夕食が何になるかまで——完全に決まっているはずです。

さて、決定論に従う宇宙にタイムループが存在すると、パラドクスが生じる可能性が出てきます。

図3-5　決定論に従う世界での状態変化

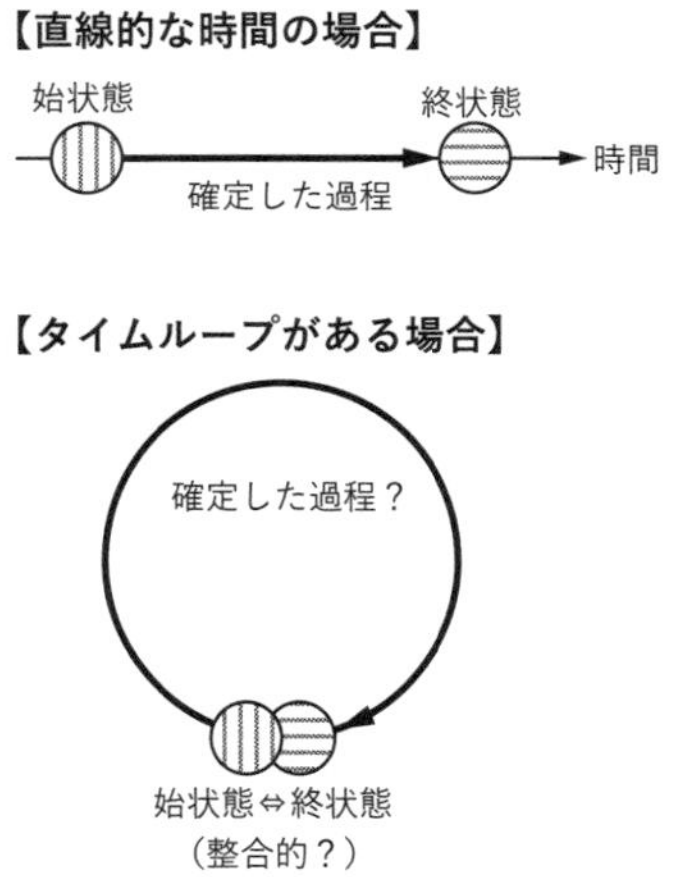

タイムループが存在するならば、過去から未来へと順に時間をたどっていくうちに、再び始まりの瞬間に戻ることがあります。パラドクスが生じないためには、始まりの瞬間に与えられた状態と、時間順に変化した末に元の地点に戻ってきたときの状態が、互いに矛盾したり相反したりしない、つまり、整合的でなければなりません。

ところが、決定論に従う場合、２つの状態はどちらも融通が利かずガチガチに定められてしまうので、整合的になる保証はどこにもありません。ワームホールを通って自分自身と衝突するボールを考えてみてください。ボールの動きが運動方程式に従って完全に決定されるならば、パラドクスを回避するためのゆとりはどこにもないのです。

物理学にパラドクスがあってはならないとするならば、決定論かタイムループのどちらかを否定しなければなりません。ここでは、タイムループの存在を認める立場から、決定論を否定することにしましょう。決定論が否定できるのか疑問に思うかもしれませんが、実は、物理学の基礎である量子論は決定論的ではなく、パラドクスを回避する可能性を秘めています。

量子論における変化の生じ方

場の量子論はとびきり難解な理論なので、詳しく説明することはできませんが、粒子のような頑丈な実体がなく、あらゆる物理現象が場に生じる波動だという世界観に基づく理論です。こうした理論では、物体の運動ではなく波の伝播によって物理的な変化が生じます。

それでは、量子論における波の形はどのようにして決まるのでしょうか？　バスタブの水をかき回したときに生じる波ならば、ニュートン力学に従うので、バスタブの形状やかき回すやり方などを与えると、未来に至るまで波の形は完全に決定されます。しかし、量子論の波は、ニュートン力学に従う波とは異なって、全体的な振る舞い――空間と時間の広い範囲にわたる波の形や伝わり方――を調整しながら決まると考えられます。

自然界では、全体的な振る舞いをうまく調整している現象が、日常的に観察されます。例えば、針金などで立体的な枠を作り、その内側に石けん膜を張る場合、膜の形状は、近似的に表面積が最小の面になります。これは、薄い膜が持つ主要なエネルギーが表面積に比例するため、膜振動などによって熱エネルギーが散逸する際に、自然と面積が小さくなるからです。枠の形が複雑な場合、表面積最小の面がどんな形になるかを計算で求めるのは、高性能コンピュータを使っても難しいのですが、自然界では、エネルギーの移動を通じて、そうした面がごく自然に形成されます。

石けん膜が、面積を最小にしようと変化するのに対して、量子論の波は、「作用」と呼ばれる物理量を最小にする形に近づこうとします。作用とは、さまざまな場所や時刻における波形や変動の可能な組み合わせを、すべて含んでいるような量です。しかも、作用が厳密に最小の波だけが実現されるのではなく、そこから少しはみ出した部分も含む形で波が伝わります。ニュートン力学のようにガチガチの決定論ではなく、状況に応じて柔軟に対応するかのように見える、ゆとりのある理論です。

タイムループがあるときの量子論の波

量子論は、「過去の状態が与えられると、その後の変化が完全に決定される」という意味での決定論ではありません。作用を最小にする波の形は、過去と未来の双方における場の状態をある程度まで取り込まなければ、決められません。どうやら、現実に何が起きるかは、過去だけではなく過去と未来の双方が関わり合って決まるようなのです。

こうした性質は、タイムループが存在する時空でパラドクスを回避する余地を生み出します。始まりの瞬間の状態が未来をすべて決定するのならば、タイムループに沿って変化を続けた末に始まりの瞬間に戻ったときに、矛盾を避けるのは困難です。しかし、量子論の波は、過去によって完全に決定されることはありません。タイムループを含む時空構造があったとしても、全体の振る舞いを調整しながら整合的な波の形を決めることができると予想されます。ちょうど、円環状の水路があるとき、どこにも矛盾が生じない波が自然と形成されるように。

図3-6　円環状の水路

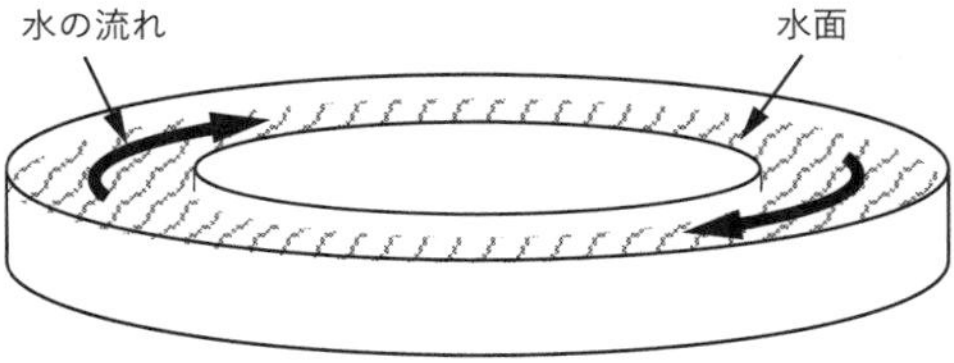

タイムループが存在するような時空構造でも、量子論によって全体的な振る舞いが調整されるならば、どの地点にも矛盾をきたすような事態は起きず、パラドクスは生じません。作用が最小になるような波を基本に、そこから少しはみ出しながらも滑らかさを失わない波が形成されるはずです。

量子論的な波が滑らかになるように調整される場合、ゴール下にワームホールが口を開けているバスケットボールのコートのような構造物は、建造することができません。過去と未来の双方から影響を受けるために、物体としての形を維持することが難しくなるからです。おそらく、そんな場所では人間が生存することも不可能です。

状態の時間変化に過去と未来の双方が関与するとは、「過去から未来へと順に状態が決定される」という、多くの人が信じる常識を否定することです。ならば「時間の流れ」はどうなるのかと思った人がいるかもしれません。そういう人は、第2章を読み直してください。

宇宙における時間の流れ（と人間が感じるもの）は、時間軸の端に整然としたビッグバンが存在するという、宇宙全体の時空構造によって生み出されたものです。この全体的な時空構造さえ維持されていれば、「状態の変化は過去から未来へと順に起きる」という常識が否定されたとしても、時間が過去から未来へと流れるように感じられるのです。両端に時間差のあるワームホールがかき乱すのは、あくまで、その周辺に限定された局所的な物理現象でしかありません。

物理学者もわからないんです

……と、ここまで場の量子論でタイムパラドクスが回避できるかのように書いてきましたが、実は、これが正しい解決策だと確定した訳ではありません。タイムループが存在するときの量子論については、ソーンとホーキングの主張が食い違うなど、物理学者の間でも確実な合意ができていないのです。事実がどのように決まるかとなると、そもそも科学的な議論が可能かどうかもはっきりしません。本章に記した内容は、私が正しそうだと考える仮説をまとめただけです。

そんな内容を一般向けの本に書くなと言われるかもしれません。しかし、科学的な理論は常に更新され続けており、ある時点で正しいとされる主張だけを記しても、後になってひどく偏った内容だと判明することがあります。

現時点では、タイムループが実際に存在できるかどうかもわかっていません。タイムループは存在しないのか、存在するけれどもパラドクスは回避できるのか、回避できずに合理的世界観の危機となるのか。何をどう論じるべきかすら曖昧な状況です。そうした状況の下で、すでにわかっている内容だけでなく、物理学者がどんな問題にチャレンジしているかについて一般の人向けに解説することも、また必要だと考えた訳です。

タイムパラドクスを回避する方法については、別の提案もあります。次に、その内容を説明しましょう。

3. 分岐する時間

量子論に現れるパラレルワールド

「歴史のＩＦ」とは、「もしもあのとき」と史実とは異なる可能性について空想を巡らせることですが、ＩＦの世界が空想ではなく現実かもしれないと言われたら、どう思いますか？　実は、その可能性が物理学の文脈で、大真面目に語られたことがあります。量子論における「多世界解釈」です。

あらかじめ断っておきますが、これは、学界で主流とされる考え方ではありません。あくまで一部の物理学者に支持されるマイナーな理論ですが、間違いだと否定するのが困難だという点で、科学の限界が垣間見える主張でもあります。

ニュートン力学のような決定論的理論は、最初の状態が与えられると、物理法則に従って、それ以降にどんな過程が実現されるかが完全に確定します。実現される過程はただ一つであり、歴史のＩＦは空想でしかありません。

しかし、量子論では、ある時刻の状態だけでは、未来を完全に決定することができません。「2．未来はどこまで定まっている？」の議論は、過去だけでなく未来の状態も指定すれば、作用が最小になる過程が求められるという話でした。

ところが、物理学者の中には、ニュートン力学と同じように、「過去のある状態から出発し、物理法則に基づいて変化を求める」というやり方を好む人たちがいます。このやり方に従って、未来の状態を指定しないまま、特定の状態から出発して何が起きるかを量子論で求めると、さまざまな未来を含む複数の過程が実現可能になるとわかりました。

常識的に考えると、こうした複数の過程のどれか一つだけが実現されるはずですが、その一つを選び出すような物理法則は見当たりません。そこで、可能な過程によって生み出される世界はすべて同等に存在するという考えが出てきました。言うなれば、パラレルワールドとして並存するのです。これが、多世界解釈と呼ばれるものです。

「観測問題」というやっかいな話

ここで、量子論の解釈に関して、観測問題というやっかいな話を紹介します。うっと

図3-7　状態が決定される過程

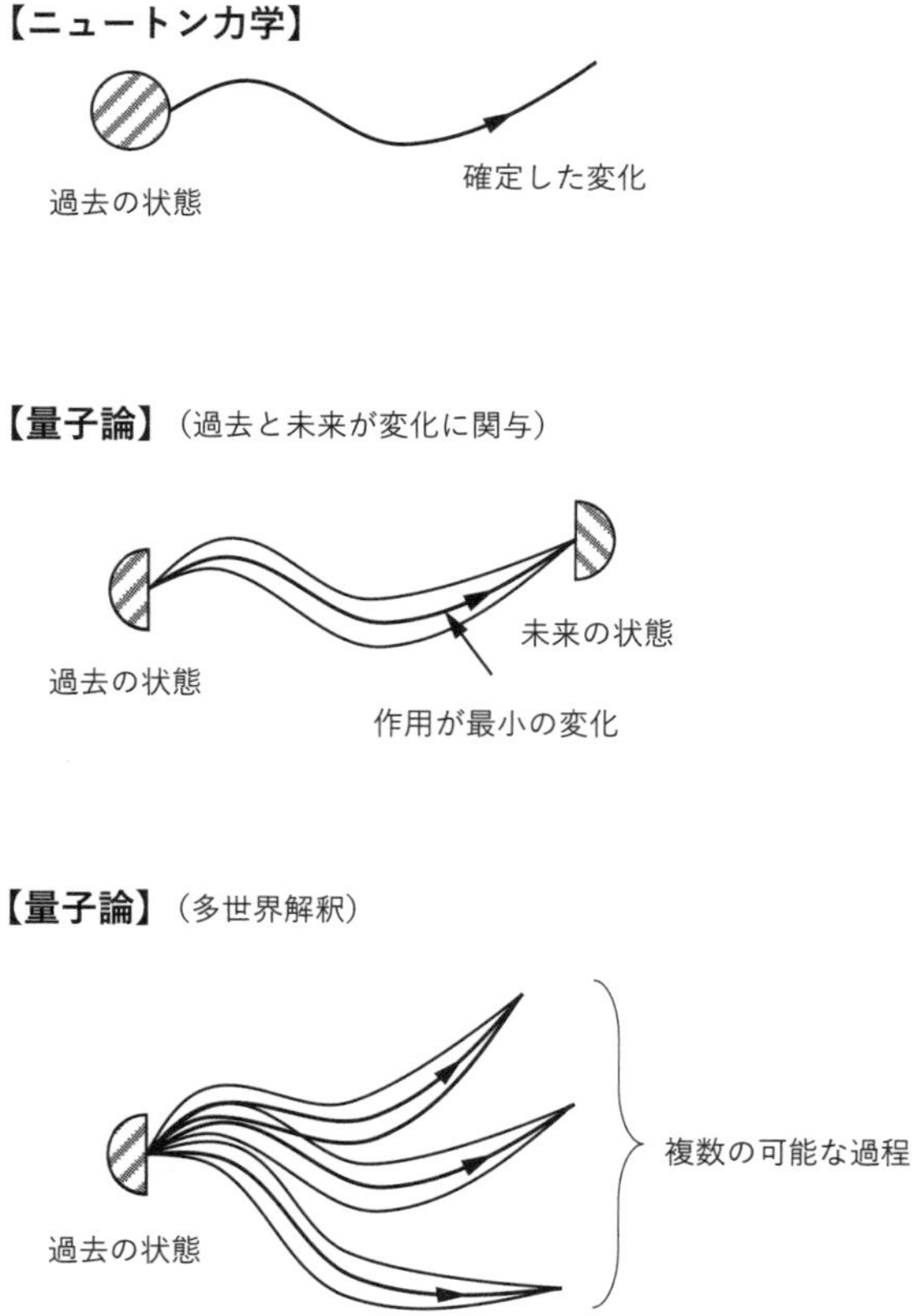

うしいと感じたならば、飛ばして次に進んでください。

量子論が決定論的ではなく、最初の状態を指定しても、その後でさまざまな変化が起こり得ることは、理論が提唱されたごく初期の段階からわかっていました。１９３０年代には、現実にどんな変化が生じたかを決定するためには、人間が測定装置を使って観測しなければならないという主張が生まれましたが、「観測していない状態は原理的に決定不能なのか」「人間が観測することで世界のあり方が左右されるのか」といった反論が提出されて、議論が紛糾しました。いわゆる「観測問題」です。

しかし、１９５０年代末頃から、議論を落着させる道筋が見えてきます。電子のような孤立した対象だけでなく、原子や分子のような多数の構成要素から成るシステムと一緒にして量子論を適用し、人間が認知できる巨視的な変化にだけ注目してみたのです。すると、統計的な法則の影響で、現実に起きるのは、とりとめのない多様な変化ではなく、いくつかの具体的な過程に集約されることがわかってきました。しかも、これらの具体的な過程は、互いに干渉することなく、他の過程とは無関係な振る舞いを示します。あたかも、独立して存在するパラレルワールドのように。

こうした研究から、重要なのは人間による観測行為ではなく、測定装置のような巨視的な物質の統計的な振る舞いであることが判明します。

さて、これで観測問題は決着するかと思われましたが、そうはいきませんでした。複数ある別個の過程のうち一つだけが実現されるという主流派と、すべての過程がパラレルワールドとして並存するという非主流派の対立が、解消されずに残ったのです。

対立が解消できなかったのは、量子論が未熟なせいもあります。巨視的な測定装置を量子論で扱うことはきわめて難しく、ごくごく簡単なケースしか論じられていません。結局、何が正しい主張かを論証することは、現実問題として不可能だったのです。

タイムパラドクス解決の秘策

両端に時間差のあるワームホールなどを利用して過去に戻るタイムマシンが作れたとすると、タイムパラドクスが不可避にも思われますが、これを回避する方法として、多世界解釈が応用されることもあります。

このアイデアを主張する人の中に、量子コンピュータのアルゴリズムを考案したことで知られるデイヴィッド・ドイッチュ（1953－）がいます。彼は、きわめて斬新なアイデアを生み出す才気煥発《さいきかんぱつ》な物理学者ですが、ときに才走りすぎて、かなり怪しげな主張を繰り出すことがあります。タイムパラドクスを解消するために多世界解釈を応用する議論を、その一例と言ったら失礼でしょうか。

ドイッチュの主張は、ある意味、きわめて単純です。ワームホールを通って過去に戻った場合、そのことがきっかけとなって別の歴史が分岐するというのです。たとえ過去に戻った人が自分の親を殺したとしても、それは自分が生まれたのとは異なるパラレルワールドでの出来事だという解釈です。未来からやってきた自分は、〝殺された親〟とは別の世界に属する〝殺されなかった親〟から生まれたので、矛盾は生じません。タイムループの存在が歴史の分岐をもたらすと仮定すれば、パラドクスは回避されることになります。

ドイッチュの議論は、厳密なものではありません。量子論と一般相対論を結合する野心的な試みを実行したのではなく、あくまで、素朴な思考実験に基づいた主張です。このため、彼の主張は、ちょっと変わったアイデアとして紹介されただけで、学界で本格的に取り上げられることはありませんでした。

パラレルワールドは本当にある？

もし、量子論の多世界解釈が正しいとすると、異なる過程をたどる歴史がいくつも並存することになります。文学者が空想として語った「歴史のＩＦ」が、現実のパラレルワールドとして実在するのです。

何度も述べたように、この主張は、学界の主流ではありません。間違っていると証明することはできませんが、ありそうもないと論じる根拠ならいろいろとあります。

何よりも、世界が多すぎます。「第二次世界大戦で連合国が勝利した世界と枢軸国が勝利した世界」のように、いくつかの世界が並存するというのならば、ＳＦ的な想像を掻き立てて面白い話になります。しかし、物理学的な意味での多世界解釈は、そんなロマンチックなものではありません。

例えば、２つの分子が接近した場合、化学変化が起きる世界と起きない世界に分岐します。これらの世界は、当初はきわめてよく似た歴史をたどりますが、１個の分子の挙動が「バタフライ効果（初期条件をほんの少し変えただけで最終的な状態が大きく変わること。「風が吹けば桶屋が儲かる」効果）」によってまったく異なる歴史の流れを生み出すこともあります。こうして、とてつもなく膨大な数の世界が次々と誕生することになるのですが、いかに何でも、ちょっと世界が多すぎる気がします。

人間の行為が物理世界の大局的な構造を変化させるという見解は、壮大でワクワクするものではありますが、非現実的です。地球は、宇宙から見ると塵のように小さな天体です。その表面にへばりついてかろうじて生きている人間が、世界に対してそれほど大きな影響力を持つとは、到底信じられません（間違った主張だと論証することはできませんが）。

【コラム】もう一つの多世界――マルチバース

「人が体験している現実以外にも世界がある」という異世界についてのアイデアは、量子論の多世界解釈だけではありません。現代科学における異世界学説の中で、最も現実にありそうなのが、宇宙が無数に存在するというマルチバース理論です。

現代物理学によると、根源的な相互作用を引き起こす量子場には、原子核内部の核力を生み出すタイプと、電磁気力を生み出すタイプがあることが判明しています。原子の中心にある原子核は、陽子と中性子という2種類の粒子が核力によって強固に結びついており、簡単には壊れません。

一方、電荷同士の相互作用であるクーロン力は、プラスの電荷を持つ原子核とマイナスの電荷を持つ電子の間に引力をもたらし、両者が結合した原子や分子、結晶などを形成します。しかし、核力よりもずっと弱いため、原子核から離れた電子はしょっちゅう結合状態を変え化学反応を引き起こします。

安定な原子核とすぐに化学反応を起こす電子があるからこそ、安定性と多様性という一見背反する性質を備えた豊饒な世界になったのです。

それでは、安定性と多様性をもたらす核力と電磁気力という2種類の力が、なぜこの宇宙に存在するのでしょうか？　有力なのが、ビッグバン直後の高温状態から空間の膨張によって温度低下が起きた際に、偶然に生み出されたという説です。しかし、生命が可能かどうかをも左右する相互作用の形が、単なる偶然によって生じたというのは、ちょっと納得できません。

そこで提案されたのが、宇宙は無数に存在するというアイデアです。すなわち、宇宙とは「ユニ（一つに）バース（なったもの）」ではなく、「マルチ（複数に）バース」だという考え方です。

複数の世界が生まれるのは、ビッグバン以前に宇宙が急激な膨張をしていた時期だという説が有力です。理論によっては、ビッグバン以前に存在した〝マザーユニバース〟から、無数の〝チャイルドユニバース〟が次々と生まれ、相互作用の形が異なる別個の宇宙として成長します。無数の宇宙が存在するならば、その中に、相互作用の形がたまたま生命の発生に適した宇宙があったとしても、不思議ではないでしょう。

《SFに描かれた時間3》

サブカルチャーに見る時間遡行

最近、漫画・アニメ・ゲームなどのサブカルチャーと呼ばれる分野で、「過去に戻ってやり直す」というプロットの作品がかなり頻繁に生み出されています。「過去改変」とか「歴史改変」と呼ばれるプロットで、主にSF作品として構想されますが、ふつうに考えるとタイムパラドクス問題が避けられません。作家からすると、常識と反する状況が面白いのでしょうが、科学者は、パラドクスの有無がどうにも気になります。

SFの中には、読者や視聴者を幻惑するための仕掛けとして、タイムパラドクスを利用する作品もあります（ネタバレになってしまうので、具体的な作品名は挙げません）。逆に、主人公が何度も過去に戻っているのに、まるで手品のようにタイムパラドクスを回避することで興趣《きょうしゅ》を盛り上げる作品もあります。ロバート・A・ハインラインの短編小説「輪廻の蛇」は、その究極的な例かもしれません。

ただし、タイムパラドクスをSF的な仕掛けとして積極的に利用するケースは比較的少数であり、多くの作品では、パラドクスから目を背ける、あるいは、パラドクスは（なぜか）起きないことにする——という方法をとっています。近年の日本の作品からいくつか例を挙げましょう。

✦筒井康隆「時をかける少女」の時間跳躍スキル

過去改変をテーマにした日本の作品でよく知られているのが、筒井康隆の中編小説「時をかける少女」（1967）でしょう。

主人公の女子中学生は、不思議な出来事をきっかけに時間跳躍の能力を獲得し、トラックに轢《ひ》かれそうになった瞬間、前日に戻って同じ一日を繰り返します。この時間跳躍は、身体などの物質的存在が時間移動するのではなく、意識だけが過去に飛ばされるので、タイムパラドクスは起きないと思えるかもしれません。

しかし、ヒロインは未来の記憶を保持しており、それを使って翌日の交通事故を回避することができます。もし轢かれそうになるという体験が実際に起きないのならば、なぜそんな記憶を持っているのか説明が付きません。これが、情報に関するタイムパラドクスです。

「時をかける少女」は、中高生向けの雑誌に連載されたジュブナイル小説であり、科学的な説明はほとんどありません。むしろ、自分が他者と異なる人間に変化してしまう怖さや、明瞭な記憶が事実でないかもしれないという不安のような、思春期の惑いを描くことが主目的の作品なので、あえてパラドクスには目をつぶったのでしょう。

この小説は人気を呼び、繰り返し映像化されます。特に有名なのが、大林宣彦監督による1983年の実写映画と、細田守監督による2006年のアニメ映画です。

大林作品では、起きなかった出来事の記憶というモチーフを拡大し、自分が事実だと信じて疑わなかったことが、実は捏造された記憶だった悲哀が強調されました。一方、細田作品では、自分にとって都合の悪い出来事を時間跳躍で「なかったこと」にしているうちに、自分の力ではどうにもならない大きな悲劇を生み出してしまう物語が展開されます。どちらの作品も、科学的な合理性はありませんが、時間の問題を人生のあり方と結びつけた名作です。

✦ゲーム『Steins;Gate』の歴史改変チャレンジ

近年のサブカルチャーで特徴的なのが、「何度も繰り返し過去に戻る」という設定が好まれることです。この傾向は、１９８０年代から流行が続いているＰＣゲームに起源がありそうです。

ＡＶＧ（アドヴェンチャーゲーム）やＲＰＧ（ロールプレイングゲーム）と呼ばれるゲームでは、プレーヤーが主人公のキャラクターを操って、さまざまな冒険を体験します。しかし、何の障害もなく最後まで話が進んでいくのでは、面白くありません。途中で凶悪なモンスターに襲われたり悪人の奸計《かんけい》にはまったりして、命を落とします。そうなると、セーブポイントまで戻って、途中からゲームを再開しなければなりません。このとき、プレーヤー自身はしくじったときの記憶を保持しているので、今度は艱難《かんなん》をくぐり抜けて先へ進むことができる訳です。

こうしたAVG/RPGの流れを物語に応用したのが、「繰り返し過去に戻る」というSF的設定であり、この設定を最大限に利用したのが、それ自体がAVGである『Steins;Gate』(2009)です。2011年にテレビアニメ化され、大ヒットしました。

ひょんなことからタイムマシンを発明してしまった青年が、ある悲劇的な事件を阻止するため、何度も過去に戻って歴史を変えようとするストーリーが展開されますが、これで解決かと思った瞬間に、意外な形で話が急転するのが見所です。

このゲームの特徴は、至る所に学術用語が使われ、科学的な装いをしていることです。

タイムマシンの仕組みに利用されるのが、カー・ブラックホールです。これは、自転するブラックホールであり、エネルギーを呑み込む一方ではなく取り出せる可能性があるなど、興味深い時空構造をしています。

ブラックホールの内部には、一般相対論の方程式が破綻する特異点(シンギュラリティ)が存在します。カー・ブラックホールの場合、特異点は点ではなくリング状であり、『Steins;Gate』では、そこを通り抜けるようにして、記憶情報を過去の自分に送信します（実現は難しいでしょうが）。

興味深いのは、時間遡行して過去に影響を及ぼすと、「世界線が移動する」と主張される点です。これは、過去に戻ると新たなパラレルワールドに入り込むことに相当し、ドイッチュ流の多世界解釈を想定していると思われます。

多世界解釈では、すべてのパラレルワールドが並存するとされます。しかし、それでは悲劇の起きる世界と起きない世界がともに存在するので、悲劇を回避したことにはなりません。『Steins;Gate』では、未来から干渉が行われた時点で、一つのパラレルワールドだけが言わば〝実在化する〟という設定になっています。その際に情報のパラドクス（起きない出来事の記憶がある）が生じるはずですが、実在しなくなったパラレルワールドの情報を保持する特殊能力（AVG／RPGにおけるプレーヤーの視点？）を主人公が持っているという〝言い訳〟をしています。

作中で頻繁に使われる「世界線」という言葉は、学術用語の誤用だと思います。相対性理論で謂《い》うところの世界線とは、4次元時空内部における運動物体の軌跡のことで、世界がどう変化するかを示す道筋ではありません。ただし、世界全体の状態を超多次元フェイズスペース（と呼ばれる数学的な仮想空間）内部の軌跡として表した「世界の世界線」を指すとすれば、意味は通じます。

『Steins;Gate』の主人公は、過去に戻っても簡単には未来を変えられないという物理的制約のせいで苦労します。この物理的制約は作中で「アトラクタ」と呼ばれますが、これは、初期条件を少し変えても最後にはよく似た状態に収束するようなシステムにおいて、収束する最終状態を表す用語です。例えば、宇宙空間でガスや塵が凝集する場合、重力などの影響で扁平な渦巻きになるのが一般的ですが、この扁平な渦巻きがアトラクタに相当します。

物理学的に見ると、『Steins;Gate』のように、人間が起こす悲劇的な事件がアトラクタになることはありません。むしろ、過去改変を行うとバタフライ効果の方が顕著に表れ、予想もつかない出来事が起きる蓋然性が高いと思われます。

『Steins;Gate』の宣伝に「99％の科学と1％のファンタジー」という惹句《じゃっく》が使われますが、そんなに科学的ではありません。もっとも、その点を批判するのは野暮というものですが。

✦テレビアニメ『涼宮ハルヒの憂鬱』の無限タイムループ

「何度も過去に戻ってやり直す」という設定が人気を呼ぶのは、AVGやRPGなどのゲームに親しんだ人が作品世界に入り込みやすいからでしょう。こうしたゲームは、一貫してプレーヤーの視点で描かれ、他者への配慮は乏しいのがふつうです。

多世界解釈に基づく作品で気になるのは、主人公の行動によって別の世界が丸ごと消滅するという展開になるとき、自分の人生体験が「なかったことにされる」人々に言及されていない点です。

1930年代の量子論でも、「人間の観測行為によって何が起きるかが決定される」という議論がなされましたが、ならば観測していないその他大勢の人間はどうなるという問いにはまともに答えられませんでした。1960年代以降の量子論では、統計的な性質を考慮する手法が進歩し、人間による観測を重視する研究者はあまり見かけなくなっています。

「なかったことにされる」人々に目を向けたのが、2009年のテレビアニメ『涼宮ハルヒの憂鬱』の中のエピソード「エンドレスエイト」です。

この作品で描かれるのは、自分の思い通りにならなかった日々をやり直したいと願う少女が、無意識のうちに超能力を発揮して、世界全体の時間を巻き戻してしまう過程です。時間を巻き戻したものの出発点となる条件が同じなので、結局、何度やっても思い通りにならず、再び時間が巻き戻されるのですが、そのたびに「なかったことにされる」人々の姿が丹念に描写されます。

同じ歴史が何度も繰り返されるというSF作品の中では、プレーヤー視点に束縛されず他者への配慮を示した傑作だと思います。

第4章

いきものの時間、人間の時間

タイムマシンやパラレルワールドの話をすると、現代物理学は現実の生活と無縁の空理空論と思われるかもしれません。しかし、そうではありません。宇宙の物理は、なぜ地球に生命が誕生したかを解明する鍵であり、生命がいつまで繁栄できるかも、宇宙のあり方に左右されます。

宇宙が生命に大きな影響を与えていることは、あまり実感できないでしょう。そうした影響は、何億年という悠久の時間の中で少しずつ及ぼされるものであり、進化の過程に集約されているからです。天の川銀河の辺縁に位置する太陽系第3惑星に生まれ、そこにへばりついたままささやかな一生を終える人間は、宇宙の持つ巨大な影響力など、実感しようがないのです。

外界を理解しようとするとき、五感だけに頼っていたのでは、本質をつかむことができません。人間は、どうしても自分を基準にして物事を判断するため、とんでもない誤解をすることがあります。セミの成虫が1週間かそこらしか生きられないと知ると、なんと短く儚い命かと憐れみ、植物は動けずじっとしているだけなので、空虚な生き様だと見下すこともあるでしょう。しかし、こうした見方は、人間という制約された生き方に由来するものです。

物理学を含む科学は、人間的な制約から思考を解放してくれます。時間というテーマに関しても、科学的な視点に立つと、日常的な理解とは大きく異なる何かが見えてくるはずです。この第４章では、特に宇宙と進化の関係に注目しながら、生命にとっての時間を考えます。

1. 物質世界も進化する

宇宙の歴史は直線的

宇宙がどのような歴史をたどるかについて、古くから2つの考え方がありました。一つは直線的な歴史で、宇宙が誕生したときから刻々と変化を続け、何らかの終焉を迎えるという見方です。

その一方、同じ（ような）時間を繰り返す円環的な歴史を思い描いた人もいました。春夏秋冬のパターンを毎年繰り返す地球の1年のように、よく似ているけれども細部は異なる出来事が周期的に訪れるというのが多く見られた宇宙観ですが、（第3章で紹介したタイムループのように）完全に同じ歴史が再び繰り返されるケースも考えられます。ちなみに、宇宙全体の時間がループ状になるモデルは、「不完全性定理（数の体系には、正しいとも正しくないとも証明できない命題が存在するという定理）」の発見で知られる数学者クルト・ゲーデルが、1949年に考案しています。

直線的か円環的かという2つの考え方のどちらが正当なのか、今では、かなりはっきりした結論が出ています。宇宙には、天体の自転や公転に伴う周期的な現象があるものの、全体としては、直線的な変化を続けるという結論です。

ビッグバン以前のことは観測データがほとんどないので、ビッグバンを〝この〟宇宙の始まりとしましょう（人間の住むこの宇宙以外にも宇宙が存在する可能性は、165ページの【コラム】もう一つの多世界――マルチバース」に書いておきました）。

細部を無視した大ざっぱな言い回しをすると、宇宙全史は一文で語れます。膨大なエネルギーの放出によって高温・高密度状態のビッグバンから始まったこの宇宙は、一般相対論に従って空間が膨張するせいでエネルギー密度が希薄になって温度が低下し、最終的には、エネルギー密度が実質的にゼロの「何もない絶対零度の世界」に成り果てる――これが、現代的な宇宙論が示す、直線的な宇宙の歴史です。

もっとも、宇宙に何もなくなるまでには、人間の想像も及ばない長い年月（年数が数十～百数十桁になる期間）が必要です。逆に言えば、人間とは、直線的に変化する宇宙の歴史において、始まりの直後にほんの一瞬の生を享けた存在なのです。

なぜ138億年か?

標準的な宇宙論によると、現在はビッグバンから138億年が経過した時点だとされます。なぜビッグバンから十数億年でも千数百億年でもなく、百数十億年なのか——この問いに答える鍵となるのが「光」です(以下、正確な数字は必要ないので、おおまかな概数で議論します)。

夜空を見上げると、無数の光り輝く天体が見えます。多くの人は、それを当たり前の光景だと思うでしょう。しかし、とてつもなく長い宇宙全史において、星々が光り輝く期間は、実はかなり短いのです。

銀河内部で星がさかんに形成されるのは、ビッグバンから数十億年以上が経ち、小さな銀河がいくつも融合して巨大化していく段階です。星形成の際に原料として使われるのは比較的低温のガスですが、こうしたガスは、融合した矮小銀河からの供給が途絶えると、消費されて減る一方です。天の川銀河は、今でも小さな銀河を吸収しつつあり、まだまだ星を産出し続ける元気な中年の渦巻銀河です。しかし、孤立した銀河の多くは、すでに星をほとんど作らない年老いた楕円銀河となっています。

形成された天体のうち、核融合を開始できる天体はごく一部であり、しかも、光を放出できる期間──「寿命」と呼ぶことにしましょう──は限られています。人間の目に見える可視光線を多く放射する恒星の寿命は、長くても数百億年しかありません。太陽と同じく黄色く輝くタイプの恒星（天文学用語でスペクトル型がG型の主系列星と呼ばれるもので、一等星では連星系であるアルファ・ケンタウリのA星のみ）は、寿命が１００億年前後、太陽の数倍以上の質量を持つ青白い恒星（スピカやベガなど）は、１億年も保ちません。

核燃料が少なく光量の乏しい赤色矮星ならば、数千億年から数兆年の寿命がありますが、夜空ではっきり見えるほど明るく輝く天体は、あと１０００億年も経たないうちに大部分が姿を消すでしょう。核燃料を使い尽くした白色矮星や、もともと核融合を起こしていない褐色矮星は、光らないまま存在し続けます。宇宙は、こうした輝かない天体ばかりの暗黒世界として長い長い年月を過ごした後、最後は物質が崩壊し天体も雲散霧消して、何もなくなります。

人間が生きている「現在」とは、光り輝く恒星が最も活発に作られていた時期から、さらに何十億年が経過した時点です。この何十億年という期間は、地球での進化において、単細胞生物から多細胞生物、そして文明を発展させ得る知的生命へとステップアップするのに必要な時間と一致します。つまり、人間に至る生命の歴史は、ちょうど宇宙に光が満ちていた時期にスッポリと収まるのです。

「人間はなぜ水の豊富な惑星に生きているのか」という問いに対する正解は、「そうでなければ知的生命が登場できないから」です。宇宙に無数にある惑星のうち、水が豊富な惑星でだけ生命が進化し、「自分たちの住む世界はなぜ水が豊富なのか」と自問するのです。同じように、「なぜ現在はビッグバンから百数十億年なのか」への答えは「この時期が最も光に満ちているから」であり、「そうでない時期には知的生命が現れない」と考えられます。

光の奔流から生命が生まれる

生命は、個々の生体分子から身体全体の構成に至るまで、秩序だって作られた高度な組織体です。そんなものが、いかなる意図もなく誰からの指示も受けないまま、物理法則に従って形成されたとは、にわかには信じがたいかもしれません。光は、この不思議さを解明する上で重要な役割を担っています。

宇宙には、天の川銀河だけで２０００億以上という、きわめて多数の恒星が存在します。その多くは惑星を有しており、かなりの数の惑星が表面に液体の水から成る海を湛えています。

恒星と惑星のシステムが形作られる仕組みは、すでに（第2章113ページの「生命進化のための猶予期間」で）説明しておきました。ごく簡単に要約すると、「ビッグバンのエネルギーが希薄化する際に共鳴状態となって取り残された素粒子が、重力の作用で渦を巻きながら凝集、渦の中心でまとまって核融合を始めたものが恒星、周囲の円盤内部でバラバラに集まったものが惑星になる」というものです。

ビッグバンは整然としたエネルギー放出なので、宇宙の至る所で同じように小さな渦巻きが形作られ、膨大な数の恒星－惑星系ができあがりました。また、水は宇宙空間に多量に存在する平凡な物質であり、表面に海が形成された惑星も数多く存在するはずです。こうしてできたシステムは、高温物体（恒星）と低温物体（海）が、恒星の寿命に相当する期間にわたって、接触はしないが近くにある状態で存在し続けるという特徴があります。

「統計法則に従ってエネルギーの偏りが均される」という一般論によれば、高温領域から低温領域へとエネルギーの移動が起きるはずです。ただし、天体同士が接触しておらず熱伝導は起きないので、高温の恒星から放出された光が惑星表面に照射されることによって、エネルギーが移動します。この光の放射が、それ以外の過程ではなかなか起こらない化学反応を引き起こすのです。

光は、単純な波として伝わるのではありません。光子という素粒子の形で飛んできますが、すべての素粒子がそうであるように、光子もエネルギーの塊(エネルギー量子)です。高温の光源から放射される光は、低温光源に比べて、光子一個一個のエネルギーが大きくなる傾向にあります。巨大なエネルギーの塊が海中に溶けている分子にぶつかると、ちょうどシンバルを激しく叩くといろんな音が鳴り響くように、さまざまな共鳴状態が実現され、ときには高エネルギーを内側に蓄えた新しい分子が誕生します。

こうした反応によって、恒星からの光を受け続ける海は、さまざまな化学物質が溶け込んだスープのようになります。生命の端緒となる物質の進化は、光が照射され続ける海で起きたと考えられます。

エントロピーが減少する過程

恒星からの光が生命誕生のきっかけだと聞くと、エントロピー増大の法則はどうなったのか気になる人もいるでしょう。この点についてコメントしておきます(第2章88ページの「熱はなぜ温度の低い方へ流れるのか？」に続く小難しい話であり、エントロピーに関心のない人は飛ばしてください）。

エントロピーはエネルギー分布の傾向を示す量で、エネルギーがどこかに偏っているときは小さく、万遍なく広がると大きくなります。恒星－惑星系では、熱エネルギーの大部分が恒星に集中しているので、ひどく偏った、したがってエントロピーの小さな状態です（第２章で紹介した振り子のケースにおいて、錘にエネルギーが集中した状況に似ています）。

エントロピーを増大させる過程とは、偏りを均すようなエネルギーの移動です。恒星－惑星系の場合は、恒星が放出する光によってエネルギーが移動し、エントロピー増大がもたらされます。ここで忘れてならないのは、放出される光エネルギーのほぼすべてが極寒の宇宙空間にばらまかれ、生命の誕生に関与するのは、無限小とも思えるわずかな部分だという点です。

広大な宇宙空間に物質はごくわずかしかありません。地球は直径約1万キロメートル、太陽は約１００万キロメートルと、人間のスケールと比較すると巨大ですが、太陽に最も近い恒星までの距離は４光年、およそ40兆キロメートルなのですから、宇宙空間がいかにスカスカかわかるでしょう。物質とは、空間膨張に取り残された例外的存在なのです。

太陽が放出する光の大部分は宇宙空間に散逸し、地球に届くのは、光エネルギー全体の数十億分の1です。このささやかな光のさらにほんの一部が、生命活動を可能にするのです。

全体としてエントロピーが急激に増大するとき、局所的にエントロピーの減少が起きたとしても、物理法則には反していません。このことは、水のイメージに基づいて類推することができます。

水の場合、穏やかな流れならば、物理法則に従って高い所から低い所に流れますが、滝のような激しい流れがあるときには、滝つぼで飛沫が舞い上がるように上昇する水が存在します。それと同じように、高温の恒星から放出された膨大な光のごく一部が低温の海に流れ込むとき、「エネルギーを蓄えた（＝エネルギーを平準化しない）分子が海中で生成される」という、局所的な変化が起きても、エントロピー増大の法則に反しません。

生命は、エントロピー増大の法則を破って誕生したのではありません。あくまで物理法則に従いながら生み出されたのです。

ついでに言うと、地球表面における激しいエネルギー流には、太陽からの光以外にも、地球深部のマグマから流れ出る熱流があります。この流れを生命活動に利用することで、深海底での熱水噴出口付近には、チューブワーム（深海に生息するチューブ状の生物で環形動物の一種）の群生など地上では見られない独自の生態系が構築されています。こうした事実を根拠に、光だけでなく地中からの熱の流れが生命の誕生に寄与したという説も有力です。

物質と生命

宇宙は直線的に壊れていくのに、地上では、万物が新たに生まれては死んでいく生々流転が続いています。20世紀以前、こうした生々流転が起きるには、物理法則に従わない生物独自の力が必要だと考えられました。いわゆる「生気論」です。

しかし、量子論の発展とともに、物質を構成する分子や結晶が、人間の作るどんな機械仕掛けよりも遥かに精密で高性能であることが判明しました。分子は、エネルギー状態によって構造が微妙に変化し、まるで特定の目的のために自律的に機能するかのような振る舞いを示すことがあります。こうした発見を契機に生気論はしだいに影を潜め、物質と生命はどちらも、物理的な法則に従っているという見方が支持されるようになります。

地球上で見られるさまざまな現象は、どこかで平衡状態に達して停止する試験管の中の化学反応とは異なり、数十億年にわたって止むことなく継続しています。なぜかと言えば、地球が試験管のような閉鎖的なシステムではなく、太陽からの光が降り注ぎ続け、余分な熱を赤外線として宇宙空間に放出する開放系だからです。

高温の光源から飛来した巨大なエネルギーの塊である光子は、冷たい水の中では本来あり得ないような不自然な分子を作り出します。中でも重要なのが、内部にエネルギーを蓄えた高エネルギー分子です。このとき、もし海水の温度が高いと、熱運動している水分子が周囲から激しくぶつかってくるため、巨大なエネルギーを抱え込んだ分子は、すぐに壊れてしまいます。しかし、低温の海水中では周囲からぶつかってくる分子が少ないため、なかなか分解しません。そうこうしているうちに、他の分子と出会ってさらなる化学反応が進行し、光がなければ作られるはずもない複雑な分子を生み出すでしょう。生物が存在しなくても、物質だけで進化が可能なのです。

図4-1　DNAの自己複製

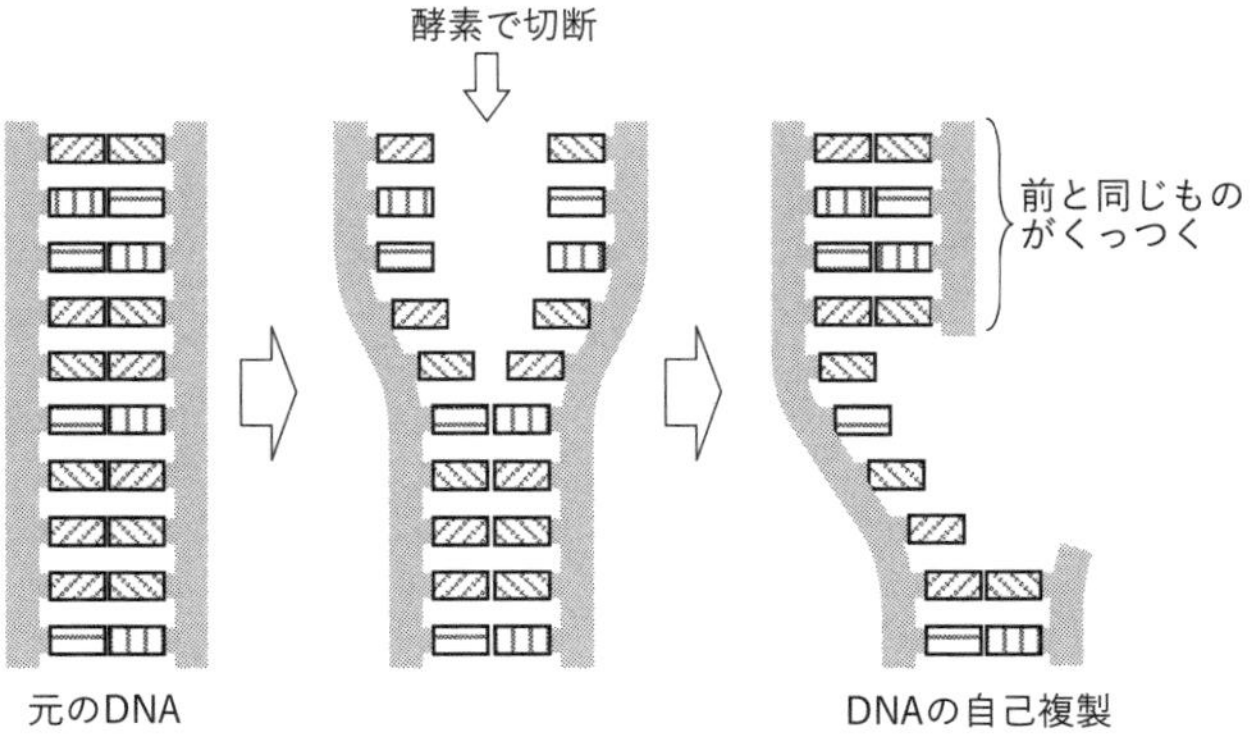

物質進化において決定的に重要なステップが、自分自身を複製できる分子——具体的には、ＤＮＡやＲＮＡなどの核酸——の登場です。

ＤＮＡは、まるでねじれた縄ばしごのような二重らせんの構造をしています。自己複製を行う際は、まず縄ばしごの段の部分が酵素によって切断され、その後、両方の切断部分に以前あったのと同じものがくっついて、１個のＤＮＡが2個に増えることができます。

もちろん、まだ生物のいない地球で、いきなりＤＮＡのような複雑な分子が作られる訳ではありません。ＤＮＡの合成に必要な酵素なども、用意される必要があります。地球上に最初の生命が誕生する前の段階で、こうした分子がどのように作られたのかは、必ずしもわかっていません。言い方は悪いですが、「下手な鉄砲も数撃ちゃ当たる」方式ではないかと思います。

太古の海中では、太陽光からエネルギーを得ることでさまざまな分子が次々に作られます。その大部分は、何の役割も果たせず分解されますが、まったくの偶然で自己複製能力のある分子が生まれる可能性は、ゼロではないはずです。核酸の主要な構成要素である塩基はすでに隕石から発見されており、生物を介することなく生成され得ることがわかっています。また、酵素などのタンパク質の基になるアミノ酸も、非生物的に生成できます。こうした構成要素が何億年も掛けて結合・分解を繰り返し、たまたま自己複製できる分子が現れると、他の分子よりも生き残りやすくなっていつまでも存続して、最も原始的な生命の起源となったという推測が成り立ちます。

物質も生々流転してきたのです。

2. 生命誌から見た時間

生物界は偶然に支配される

核酸のような複雑な生体分子が偶然に生成されたと聞くと、にわかに信じがたいと感じるかもしれません。しかし、生物とは、基本的に偶然に支配されるものです。この性質は、現在なお至る所で顔を出します。

私事になりますが、高校で生物学の勉強をしたとき、カルビン回路の図を見て頭を抱えました。カルビン回路とは、光合成における化学反応の一つのステップです（以下、反応の詳細は重要ではないので、図を眺めるだけでかまいません）。RuBP（リブロース二リン酸）に始まり、ATP（アデノシン三リン酸）からエネルギーをもらったり酵素の助けを借りたりしながら、二酸化炭素由来の炭素を結合してさまざまな分子に姿を変え、最後には再びRuBPに戻るというループを形作ります。ループの途中で、余分に生成されたGAP（グリセルアルデヒドリン酸）が外部に放出され、でんぷんなどに加工されます。

図4-2　カルビン回路

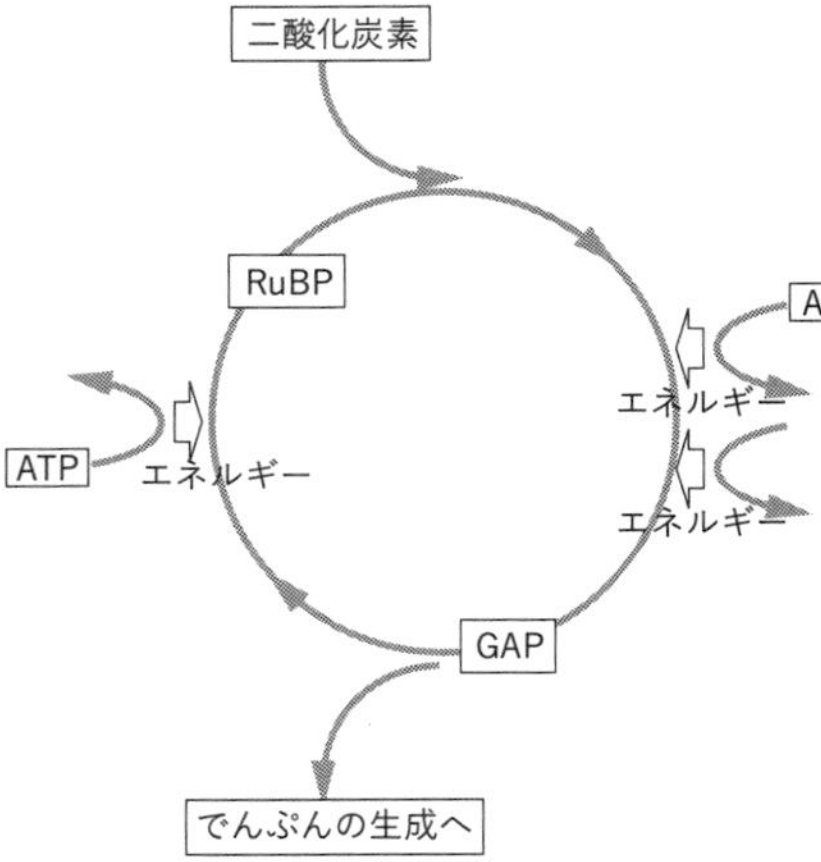

私が悩んだのは、進化の過程でいかにしてこんな複雑な回路ができたかです。回路の一部だけでは役に立たないはずなので、「遺伝子に生じた変異のうち、役に立つものだけが選択され定着する」というダーウィン流の進化論では、まったく説明できそうにありません。

大学に入って「分子進化の中立説」を学び、少し謎が解けました。これは、ランダムに生じる遺伝子の突然変異のうち、役に立たないものでも（場合によっては少々有害なものでさえ）かなりの世代にわたって存続して、進化に寄与するという学説です。現在では、タンパク質における変異の分布などを調べることで、基本的に正しい考え方だと判明しています。

遺伝子の突然変異は頻繁に生じており、その結果として、親とは少し異なるタンパク質を持つ個体が現れます。光合成の場合も、遺伝子変異で登場したタンパク質のせいで、新たな反応ルートが生まれたり旧来の反応が阻害されたりと、いろいろなパターンの反応が起きるようになります。そんなことを繰り返すうち、反応経路がたまたまつながってループになると、関与する分子を効率的に利用できるため、その反応を体内で実現できる種が支配的になり、他の種が淘汰されるはずです。

カルビン回路を持つ生物は、このような偶然によって誕生したのでしょう。

生物が持つ器官にも、偶然にできたと推測されるものが無数にあります。例えば、眼の水晶体（瞳の奥にある透明な凸レンズ状の組織で、網膜に光学像を結ぶためのもの）がそうです。

水晶体のような透明な生体組織は、眼以外ではあまり使い道がありません。しかし、水晶体がなければ、眼は充分な機能を発揮できません。まるでニワトリと卵の関係のような水晶体と眼は、進化のどの段階でできたのでしょうか？

どうやら、水晶体はまったくの偶然で生まれたようです。水晶体の主成分であるクリスタリンは、別の機能を実現するストレスタンパク質とほぼ同じ構造をしており、何かの拍子に変異が生じ透明組織として発現したと思われます。そのままでは役に立たない組織なのに、中立説が主張するとおりしばらく存在し続け、たまたま近くに光に反応する視細胞が集まったとき、眼の水晶体としての役割を果たすことになったのでしょう。

生物がどのようなライフスタイルを獲得するかは、偶然に支配されています。本書の主題である時間に関して、それぞれの生物種がいかなる生存戦略を用いるかも、偶然の産物だと言えるでしょう。

植物の時間

生物は、偶然の積み重ねで進化してきており、たまたま自分に適した特定の環境（いわゆる「ニッチ」）に恵まれたとき、生存率が高まって個体数を増やします。その生存戦略に、あらかじめ決まった〝正解〟はなく、ほとんど行き当たりばったりで対応しています。時間に対して生物がどのように立ち向かうかも、同じです。

生物はすべて〝自分時間〟を生きています。人間の感じる時間は、感覚器官からの入力を中枢神経系で再構成した情報でしかなく、すべての生物に共通する一般性を持つものではありません。

人間とまったく異なる時間を生きているのが、植物です。植物の生存戦略は、自己の維持と増殖に必要なエネルギーをすべて太陽光線から得るというものです。動物は、捕食によって他の生物から栄養を奪い取りますが、植物は自分の体内で光合成を行います。

光合成の仕組みは、植物というグループが誕生する以前からありました。植物の祖先は光合成細菌で、これが現在の珪藻《けいそう》のような真核《しんかく》生物（細胞内に細胞核がある生物）に進化し、その後、日照の少ない海域に流されないように浅い海底に固着した海藻や、より日照の多い陸地に根を下ろした陸生植物へと進化しました。

陸上では、他の植物と光の取り合いになったとき、重力に抗して背を高くし光を集める必要があります。このため、細胞膜の外側を覆う細胞壁を強化し、茎を高く伸ばすようになります。リグニンを利用して外皮を木質化させた〝木〟は、高さが何十メートルになることもあります。背の高い植物は、分子間力によって葉まで水を引き上げ、そこで太陽光のエネルギーを蓄えたでんぷんなどの分子を合成します。

必要なエネルギーを太陽光でまかなう植物は、捕食のために素早い動きを必要とする動物と異なり、体を硬化させてゆっくりと動くようになったのです。

大型の生物が素早く動くには、一般に莫大なエネルギーが必要であり、体内の光合成だけで調達するのは困難です。人間の場合、米中心の食事で生活するには、年間100キログラム以上の米を食べる必要がありますが、それだけの米を生産するには、およそ200平方メートルの水田を要します（玄米の年平均収量は、日本では1000平方メートルあたり500キログラム強です）。SFでは、遺伝子操作で葉緑体を持つ人間を生み出し、食事を摂らなくても日光を浴びるだけで済むといった話が出てきますが、この数字からすると、動き回るための栄養を体表面の光合成だけで確保するのは難しそうです。

巨大なバイオマス（生物体の総重量）を持つ植物に比べて、草食動物はかなり少なく、肉食動物に至ってはごくわずかという、いわゆる〝生態ピラミッド〟の構成は、エネルギー需給の観点からすると、必然的なのです。

植物は、捕食のために素早く動き回ることはありませんが、微速度（タイムラプス）撮影するとわかるように、ゆっくりと動いています。例えばヒマワリは、日光が当たりにくい側の茎が速く生長するという光屈性《ひかりくっせい》によって、葉への照射光量が多くなる向きに茎を曲げます（花が太陽の方を向く訳ではありません）。

多くの植物には、茎における光屈性、根における重力屈性（重力が加わる向きに曲がって生長する）が見られ、自分の生長スピードに合わせて少しずつ体を動かし、環境に適応します。開花や落葉など季節変化に応じた動きもあります。植物も動きますが、人間のように秒単位で動き回るのではなく、日単位・月単位で動くのです。

浮遊生物の時間

海中にはクラゲやヤコウチュウのように、漂うばかりで能動的にあまり動かないゼラチン質の浮遊生物がいます。人間は、自分を基準にして世界を見るため、神経系を発達させ筋肉を迅速に動かせる脊椎動物の方が浮遊生物よりも優れており、生存競争の勝者だと考える傾向にあります。しかし、脊椎動物が勝者になれるのは、海中の栄養分が不足し、他の生物を捕食して生きなければならない環境に限られます。

生活排水などの影響で海水が富栄養化し植物プランクトンが異常発生すると、わざわざ動かなくても至る所に餌があるので、動きの鈍いゼラチン質の生物でも困りません。一方、増えすぎたプランクトンの死骸が海底に降り積もり、これを細菌が分解する際に酸素を消費するので、表層以外の海水は低酸素状態になります。魚のように餌を求めて動き回る動物は、筋肉を動かす際に大量の酸素を必要としており、酸欠になると生きられません。周囲に栄養が充分にある環境では、素早く動き回る魚類よりも、クラゲやナマコなど動きののろいゼラチン質の生物の方が、生存に有利なのです。

魚類のような脊椎動物は、5億年ほど前のカンブリア紀に登場したとされます。当時は、アノマロカリス（体長が十数センチから数十センチに及ぶ節足動物の仲間）のような（当時としては）巨大な肉食動物が現れ、新たな生存戦略が必要とされた時代です。硬い外皮で身を守る三葉虫、頭部にある5つの眼で索敵《さくてき》するオパビニアなど、さまざまなボディプランが編み出されました。

そうした中で、「背中にある太い神経管で高速にシグナルを伝達し、全身を協調させダッシュで逃げる」という戦略を採用したのが、脊椎動物の祖先です。現在のナメクジウオ（体長30〜50ミリ程度の魚に似た動物で、脳はないものの神経管を含む脊索《せきさく》がある）に近い身体構造をしていたと推測されます。

想像するに、こうした素早く動ける動物は、当初は生存競争で有利な立場を獲得したものの、まもなく多くの競争相手が現れ、捕食者も被食者も、より速く動くように進化していったのでしょう。

そんないきものの子孫（あるいは成れの果て）である人間は、浮遊生物のように悠然としていられず、いかにもせわしなく生き続けざるを得ないのでしょうか。

虫の時間

いくつかの生物は、一生の間に何回か変態することで、環境に対応して生き延びる戦略を採用しました。特に昆虫は、既知の種の3分の2ほどが完全変態します。

典型的な例として、チョウのケースを考えましょう。チョウは、卵から幼虫・さなぎ・成虫と身体構造のまったく異なる段階をたどりながら、それぞれの時期を、特定の目的を達成するためだけに費やします。

成虫の役割は、適当な産卵場所を探し出して卵を産み付けることです。充分に餌のある安全な場所を探し出すために特化された身体構造をしており、短い寿命（モンシロチョウの成虫の寿命は1~2週間程度）を産卵に捧げた個体と言えます。

チョウの成虫は幼虫と違って飛ぶことができますが、そのためには、胴体に比べてかなり大きな翅《はね》とこれを動かす強力な筋肉が必要です。翅の内部には翅脈《しみゃく》と呼ばれる管があり、さなぎから羽化した直後にこの管に体液を流して翅を広げます。さなぎの段階は、こうした器官を用意するのに費やされます。

幼虫は、卵から孵《かえ》った場所に用意されている餌を猛烈に食べ続け、体内に栄養分を蓄えてさなぎに変態します。モンシロチョウの場合、卵から成虫になるまでの期間は数十日で、成虫より少し長生きです（チョウの種類によってかなり異なります）。

完全変態によって役割分担がされるので、各段階における行動は単純なパターンに従います。成虫が餌のある場所に産卵してくれるおかげで、チョウの幼虫は餌を探索する必要がなく、目の前にあるものをひたすら食べ続けるだけです。このため、「頭部の触覚に一定の刺激が加わると、咀嚼のための筋肉を動かす」といった特定の行動パターンさえ発現されれば、生き延びることができます。こうした行動パターンは、筋肉を収縮させるホルモンなどの遺伝子をワンセットにして染色体上に配列することで、遺伝的にプログラムできます。

完全変態する生物は、各段階を何のために生き、いつ次の段階へと移行するかが、遺伝子によってほぼ決まっています。それが、彼らの生存戦略なのです。

陸生動物の時間

陸上で生活する大型動物にとって重要な課題となるのが、重力にいかに対抗するかです。体長が数ミリ以下の昆虫ならば、空気抵抗の方が大問題でしょうが、多くの哺乳類にとって、重力に抗するため筋肉や骨の強度、神経の反応速度などをどうするかが、種を残せるか否かの鍵となります。

地表付近の重力では、物体が1メートル落下するのに0・5秒弱掛かりますが、これは、何らかの刺激に対して人間が動作を起こすのに要する時間（0・3〜0・4秒）とほぼ等しい値です。もちろん偶然の一致ではなく、この程度の速さで反応しなければ、落下してくるものを避けたり、転びそうになったときに身体を支えたりすることができないからです。ヘビやトカゲのような地を這う動物は、転ぶことに対応する必要性が乏しいせいか、一般に、反応がもう少し鈍くなります。

刺激に対する反応速度は、重力に抗するための必要性と、ニューロン（神経細胞）の能力という2つの要素のせめぎ合いで決まります。

ニューロンとは、シグナルを伝達する役割に特化した細長い細胞で、感覚器官からの情報を伝えたり、筋肉や内分泌腺へ指令を送ったりします。こうしたシグナルは、細胞膜の興奮状態として、まずニューロン内部の軸索に沿って伝わり、末端まで来ると、そ

図4-3　イオンチャンネルの開閉

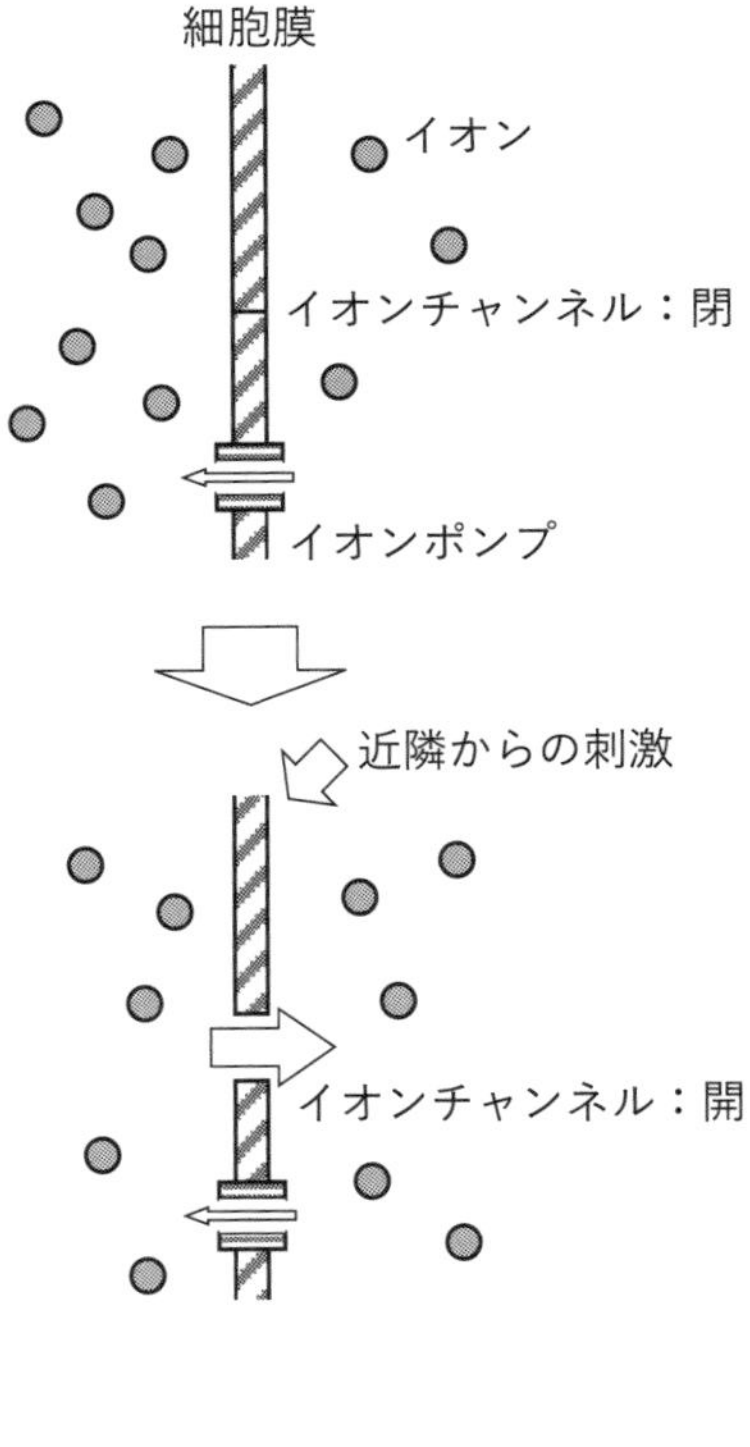

こで接続している他のニューロンを興奮させる（場合によっては興奮状態を抑制する）という形で伝達されます。

細胞が興奮状態にあるとは、細胞膜の内外で電位差が大きく変動するような状態です。電位差が生じるのは、細胞の内側と外側でイオン（電荷を帯びた状態の原子）の濃度に差があるからです。細胞膜には、特殊な分子から構成されたイオンポンプがあり、能動的にイオンを運搬します。興奮していない平常時には、イオンポンプの働きで一定の濃度差が生じ、それによって静止電位と呼ばれる電位差を維持しています。

ここでニューロンに外部から特定の刺激が加わると、細胞膜にあるイオンチャンネルが開いてイオンの通り道ができます。濃度に差がある状態で膜内外を結ぶ通り道ができると、濃度の高い所から低い所へとイオンが拡散し、その結果、電位差が静止電位から急激に変動します。変動する電位を活動電位と言い、連続的に活動電位が生じる状態が興奮です。

通り道となるイオンチャンネルは、短時間で閉ざされるため、膜内外の電位差は、再び静止電位に戻ります（実際には、膜内外を行き来するイオンにナトリウムやカリウムなど複数の種類が存在しており、イオンチャンネルの開閉時間にもずれがあるため、電位の変動はかなり

図4-4　ニューロンの電位変化

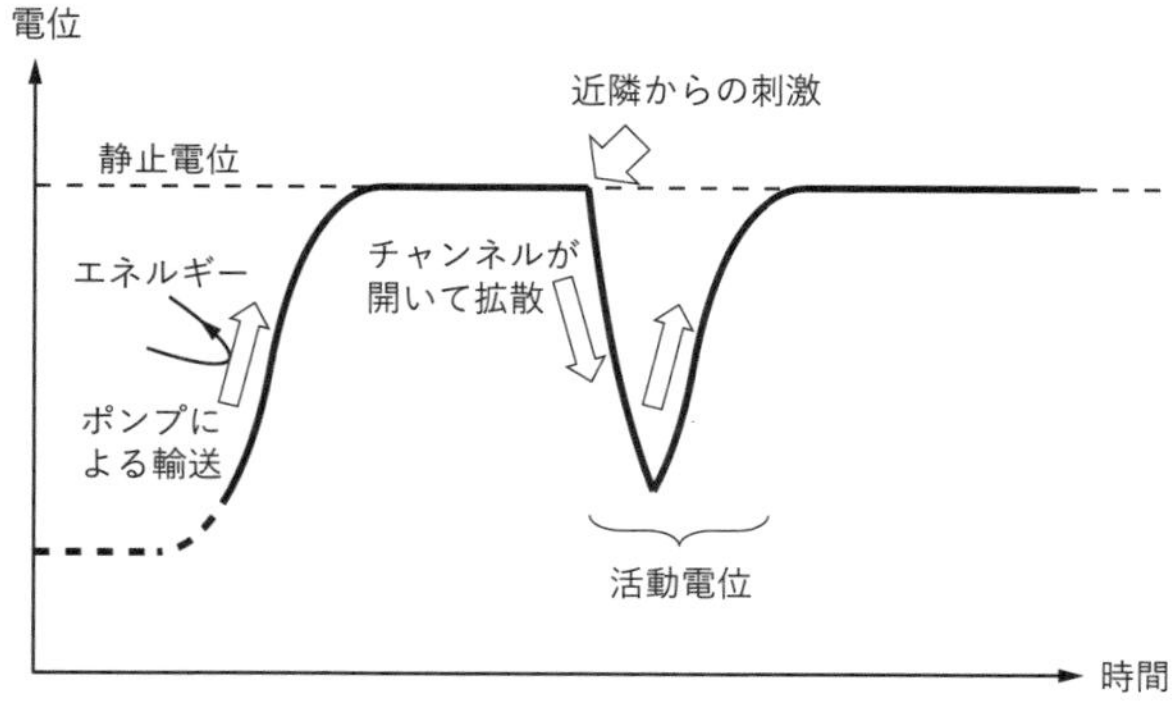

複雑になります）。こうした電位変動には、1～数ミリ秒を要します。

細胞膜の一部で起きた興奮は、細長いニューロンの軸索に沿って、隣に伝えられていきます。伝達速度は、ニューロンの太さやタイプによって異なります。特に速い鳥類や哺乳類の場合は、秒速100メートル以上になります。

興奮状態が末端まで伝えられると、接続している他のニューロンに（興奮ないし抑制という形で）シグナルを伝達します。ニューロン同士は直接つながっているのではなく、間にシナプスと呼ばれる隙間があり、分泌された神経伝達物質が移動することでシグナルが伝えられます。このため、シグナルがシナプスを通過する際には、数ミリ秒の遅延が生じます。

大型の陸生動物では、多数のニューロン同士が結合し合って、複雑なネットワークが構成されています。大脳皮質におけるニューロンの数は、ネズミでも数千万から数億本、人間では100億本近くになります。大型動物が身体を動かす際には、こうしたニューロンが集団でいっせいに興奮しながら相互に複雑な作用を及ぼし合うことで、身体を制御しています。1本のニューロンで活動電位の変動に要する時間は1ミリ秒ちょっとですが、膨大な数の神経興奮が絡み合うため、感覚刺激を受けてから身体制御のために筋肉を動かし始めるまで、最低でも数百ミリ秒（コンマ数秒）掛かります。

この時間は、体長と同程度の距離を物体が落下するのに要する時間とほぼ同じなので、重力の中で身体を制御しながら活動することが可能になります。重力がもう少し強かったり弱かったりすると、それに応じて身体の反応スピードも変わっていたでしょう。

人間を含む地球上の陸生動物は、ニューロンの仕組みをうまく使って、重力環境に適応しました。そして、ありがたいことに、重力の中で生きる結果として、ニューロンのネットワークが高度に進化し、知性を獲得したと考えられます。

【コラム】寿命のある生物、ない生物

生物に寿命があるのは当たり前だと思われるかもしれませんが、実際には、すべての生物に寿命がある訳ではありません。

はっきりとした寿命があるのは、完全変態をする昆虫です。各段階ごとに特定の生き方をするよう遺伝子で定められており、死ぬ時期まで決まっています。

鳥類と哺乳類の多くは成長期と繁殖期がほぼ定まっており、生殖能力がなくなると死ぬのがふつうなので、繁殖期の終わりまでが生物学的な寿命と見なせます。

ただし、ヒト（および一部のクジラ）は、生殖能力を失った後もしばらく生き続けることができ、平均寿命は生殖可能期間を大幅に上回ります。理由として考えられるのが、子供を養育する効果です。高齢になっても養育者としての役

割を果たせる社会ならば、平均寿命が延びた方が子供の生存確率が高まるので、進化の法則に従って長寿命の遺伝子が選択されるという訳です。

成長期がなぜあるのかは、必ずしも判明していません。マウスを用いた研究では、記憶力を増強するタンパク質が子供の時期に多く産生されるので、学習のための期間だとも考えられます。ちなみに、このタンパク質を作り続けるように遺伝子操作を施したマウスでは、大人になっても子供並みの高い記憶力が維持されます（賢いネズミになるかどうかは微妙ですが）。

魚類などには、成長期と繁殖期の区分が明確でなく、状況が許せばいつまでも成長し続けるものがいます。天敵のいない沼に、ヌシと呼ばれる巨大なフナやナマズが潜んでいることがあるのは、そのせいです。

植物の場合、多年草や樹木にはっきりした寿命はありません。バクテリアも、頻繁に世代交代し遺伝子の変異と増殖を繰り返すという生存戦略があるだけです。

ちなみに、知られている中で最も長生きをした生物は、南太平洋深海底の堆積層で見つかったシアノバクテリアの仲間でしょう。すでに死んで化石化したと思われていたのに、栄養分を加えたところ生体活性を取り戻したとのことで、1億年以上も死なずにいたようです。

3. 人間にとって時間とは

神経ネットワークが可能にした学習能力

チョウの幼虫のように、目の前にある餌をひたすら食べ続けるといった比較的単純な行動パターンしかとらない生物の場合、遺伝子にコードされた情報だけで生き延びることが可能です。大量の卵を産んで、少しずつ異なる遺伝子を持った子孫を量産すれば、少々環境が変動しても、子供のどれかがサバイバルに成功して種が保存できます。

しかし、身体構造が複雑になり、出産の負担が大きく大量の子孫を残すことができないタイプの生物では、生き延びるための行動パターンをすべて遺伝子に刻み込むという戦略は、あまりうまくいきません。地球上では、人間を含むいくつかの生物種が、異なる生存戦略を選びました。それが、学習を通じて環境に対応するという生き方です。

学習とは、神経ネットワークの接続を変えることで、より効果的な認知と行動の方法を身につけることです。

学習能力そのものは、ある程度まで遺伝的にプログラムできます。例えば、感作や慣れと呼ばれる仕組みは、同じ刺激が繰り返し与えられたとき、反応が増強したり（感作）減退したり（慣れ）することで、無脊椎動物にも見られる簡易的な学習機能です。しかし、餌のある場所を覚えるとか、外敵からの逃走方法を学ぶような、もう少し複雑なケースになると、こうした簡易的な学習では間に合いません。

鳥類や哺乳類など高度な学習能力を持つ生物では、中枢神経系におけるニューロン同士の接続が細かく調節されます。ニューロンは、シナプスと呼ばれる結合部位を介して他のニューロンと相互作用をします。シナプスは、新たに形成されたり消滅したりするだけではなく、ニューロンが興奮する頻度などさまざまな状況に応じて、その結合強度を少しずつ変化させます。結果的に、膨大な数のニューロンが、結合強度が微妙に異なる複雑なネットワークを形成することになります。この神経ネットワーク全体に、学習の結果が記銘されるのです。

ニューロンとは、もともとシグナルを伝達するための細胞でした。しかし、学習を可能にするような複雑なネットワークが形成されると、単なるシグナルの伝達ではない高度な知能が生み出されていきます。

時間の流れは脳が生み出す

よく「時間は流れる」という言い方がされますが、この流れに速さがあるのか自問してみてください。少し考えるとわかるように、「1秒の間に時間は何秒流れるか」という議論は無意味であり、物理現象だけで時間の流速を定義するのは不可能です。時間の経過が速いとか遅いと言うためには、何らかの基準が必要です。人間の場合は、脳で行われる神経活動が基準となります。

ニューロンの積極的な利用は、カンブリア紀に外敵から素早く逃げようとして始まったと考えられますが、現在の鳥類や哺乳類が持つ高度に発達した神経ネットワークは、おそらく重力に抗して身体制御を行うために進化したものでしょう。このため、地球の重力に見合うように、数百ミリ秒が基本的な反応時間となりました。人間にとっての時間の長さは、この反応時間と比較したときの相対的なものです。

人間が感じる時間は、かなり主観的なものです。単に感覚器官から送られてくるシグナルが認知されるのではなく、神経ネットワーク内部で情報を再構成することによって、時間を認識しています。「時間の流れは脳が生み出す」と表現しても過言ではありません。

時間変化する出来事の認識は、各瞬間のシグナルの連なりではありません。例えば、猫じゃらしとか毛ばたきのような柔らかいもので腕をさっと撫でられることをイメージしてください。この（しばしば快感を伴う）イメージは、腕の異なる場所に順番に物体が接触する知覚を束ねたものとは、明らかに異なるはずです。ある時間にわたって起きる一連の出来事は、瞬間的な出来事が連なっているだけではなく、時間の中に広がる一つのまとまった〝感じ〟として意識されます。このまとまりは、知覚情報を脳で再構成することによって得られるものです。

記憶そのものが捏造されることも、少なくありません。記憶はフィルムの映像のように各時刻ごとの感覚を逐次的に記録したのではなく、直接的な感覚データに古いデータを混ぜて再構成したものです。このため、「ありありと覚えている」実感がありながら、事実とまったく異なるケースもあります。

人間が行動する場合、脳の中では、記憶よりもさらに複雑な情報処理となる未来予測が行われます。未来予測といっても、社会の今後といった大仰なものではなく、物をうまくつかむためなどに行う一種のシミュレーションで、腕をどのように伸ばし指をどの段階で曲げれば、目の前にあるコップをつかめるか予測します。随意筋を動かして行動する際には、この未来予測が目標値となって姿勢制御を行います。足下を見ないで階段を駆け上がっているとき、もう一段あると思って踏み出したのに段が存在しないと、前にガクッと崩れるようなショックを感じることがあります。これは、段があるものとして無意識のうちに筋肉の出力調整などを行っていたものの、予測が外れて急遽再調整する必要に迫られたことの表れです。

リベットの実験：意志より先に脳は活動している？

大脳は常に未来を予測したり行動の準備をしたりしていますが、こうした予測や準備が必ずしも意識される訳ではありません。脳が行う活動のかなりの部分は、無意識的です。このことは、人間特有とされる「自由意志」の問題をややこしくします。

自由意志とは何かを考えさせることになる実験が、１９８３年、生理学者ベンジャミン・リベットらによって行われました。リベットが行ったのは、次のような実験です。

まず被験者に、「指や手首を曲げようと思ったときに曲げる」ことを指示します。ただし、あらかじめきっかけなどを想定するのではなく、その場における自分の意志だけで曲げるかどうかを決めることにします。実験の際には、３つの時刻が記録されます。

図4-5　リベットの実験

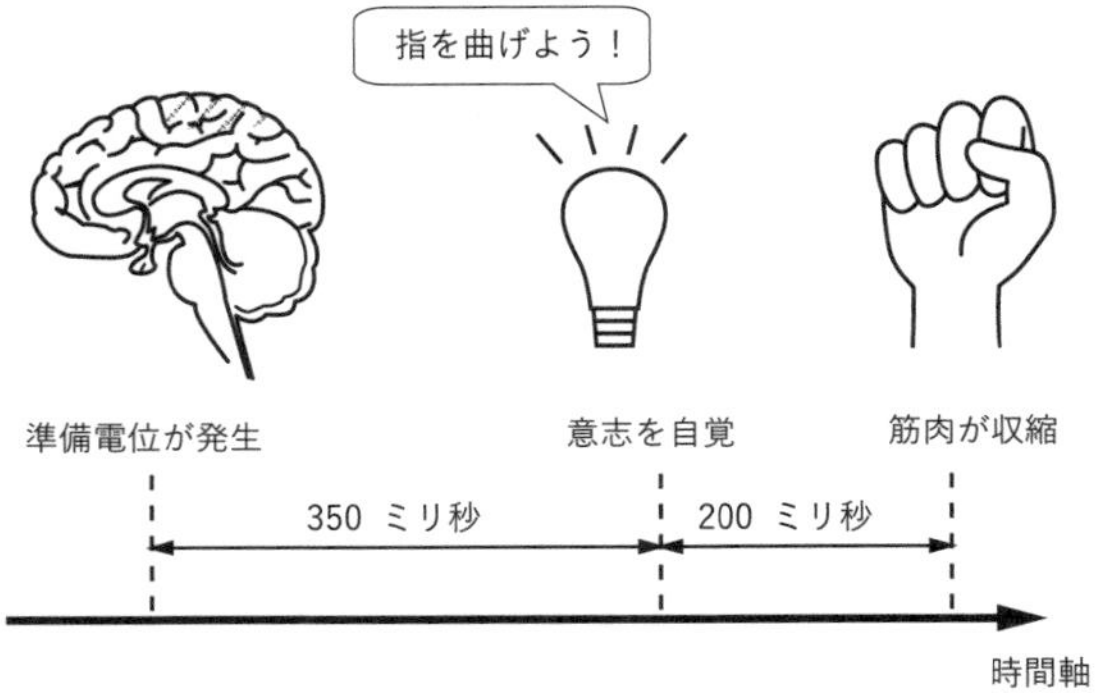

(1)自分が指を曲げようと意識した時刻。これは、その瞬間に時計が示す時刻（オシロスコープの光点の位置をアナログ時計として使用）を目で見て報告。

(2)筋肉に指令を出す大脳運動野において、実際の動作に先んじて行われる神経の活動（「準備電位」と呼ばれる）が生じた時刻。頭皮に取り付けた電極で測定。

(3)筋肉の作用で実際に指が曲がり始める時刻。筋電図により測定。

ふつうに考えると、まず指を曲げようという意志が生じ、次いで指を動かすための神経活動が始まり、最後に脳からの指令で指の筋肉が収縮し始めるのですから、各時刻の順序は、(1)→(2)→(3)になるはずです。

ところが、リベットらが得た実験結果によれば、順序は、⑵→⑴→⑶になりました。まず指を動かすための脳の活動が生じ、その３５０ミリ秒後に指を曲げようという意志が自覚され、そこから２００ミリ秒後に指が曲がり始めるというものでした。

実験の精度に関しては、いろいろな議論があります。最も誤差の入りやすい主観的な報告の⑴に関して、リベットは、対照実験の結果を基に50ミリ秒程度の修正が必要だと論じていますが、異なる提案も出されています。

ただし、さまざまな追試の結果を総合すると、⑵→⑴→⑶という順序に誤りはなさそうです。つまり、人間の自発的な行為であっても、その始まりは無意識的だと結論づけられます。

人間らしさの起源

「まず意志が自覚され、それから準備電位が発生する」という順序でなければ「自由意志」とは言えないと主張する人もいますが、そこまで大げさに考える必要はないでしょう。中枢神経系の活動は大部分が無意識的であり、意識される方がほんのわずかです。意志的な行為の発端が無意識的であったとしても、驚くべきことではありません。

リベットの実験では、指を曲げるかどうかが重大な結果を招く訳ではないので、途中で考え直す必要はありません。しかし、社会的な影響のある行動ならば、絡み合うさまざまな状況について考慮し、場合によっては、当初の思いつきを修正する必要があります。シミュレーションによって予測を行い、周囲の人に迷惑を掛けるといった不都合が起きる可能性が判明したとき、脳はすぐに行動には移さず、額の内側にある前頭前野の指示によって、条件を変えて再度シミュレーションを行います。

脳の神経は、常に興奮しっぱなしという訳ではありません。ある領域がいっせいに興奮した後、興奮が収まっていったん静かな状態に戻ります。これは、ニューロン同士を結合するシナプスに、興奮を抑制する機能を備えたものがあるからです。一つの考えにいつまでもとらわれず、何度もシミュレーションをやり直しながら先に進んでいくのが、人間（あるいは、知能の高い鳥類や哺乳類）の特徴なのです。

脳は、前頭前野の指示でシミュレーションの方向を切り替えながら、さまざまな未来予測を生成し、最も好ましい帰結をもたらしそうな行為を選び取ります。「好ましい」とは、多くの動物では生存率を高めることですが、人間は、社会的な反応まで考慮した上で選択します。こうした選択を（しばしば無意識のうちに）行うのが、人間的な意味での自由意志なのでしょう。

さまざまなシミュレーションを行うことを「迷う」と表現するなら、人間は多くの時間を迷うことに費やしています。チョウの幼虫が、目の前にあるものにかみついて飲み込むという遺伝的にプログラムされた行動だけに集中するのに対して、人間は、無数の可能性の間で迷いながら生きています。これが、人間らしいあり方だと思います。

【コラム】生活になじんでいた不定時法

現代人は、時計を用いた人工的な時間に順応しているので、江戸時代に日本で用いられた「不定時法」を奇妙なものと感じるかもしれませんが、実は、人間の実生活に適合した、かなり合理的なものだったのです。
不定時法とは、一日を昼と夜に分け、それぞれを何等分かして時間を決める方法です。江戸時代には、昼・夜それぞれ6等分したものを「一刻」と呼びま

した。真夜中から始めて、「子の刻」「丑の刻」のように一刻ごとに十二支の名を当て、変わり目は寺の鐘などで知らせていました。

一刻の長さは、昼と夜でも季節によっても変わるので、現代人の感覚からすると不便なようですが、当時としては、決しておかしなものではありません。電気のない時代、人々は夜明け前に起きて朝食を摂り、日の出とともに労働を開始しました。街灯のない時代ですから、暗くなると追い剝《は》ぎに遭う危険があるので、申の刻（午後4時前後）には仕事を終えて家に帰り、朝食以来の食事を摂って夜を過ごすのがふつうでした。

農業が主産業の社会では、季節によって労働量が大幅に変動します。夜明けから今までの何刻かでこれだけの仕事ができたが、これ以降はどんなペースで仕事をこなさなければならないか、さまざまな状況を考慮して判断する必要があります。そんなとき、時間の単位が一定の定時法よりも、日没まで何刻あるか寺の鐘で知らせてくれる不定時法が便利だった訳です。

なお、一日の始まりをいつにするかは、慣習によります。日本の場合、公的な暦では子の刻に当たる真夜中が始まりでしたが、庶民は夜明けを始まりと考えていました。多くの民族が「一日の始まり＝夜明け」としていますが、イスラム暦やユダヤ暦のように、日没を一日の始まりとするケースもあります。おそらく、夜明けが始まりだと、宗教的な戒律（安息日をどう過ごすかなど）を守る上で不便が生じたからでしょう。

暦は生活になじむように作る方が、合理的なのかもしれません。

《ＳＦに描かれた時間４》

ＳＦ的想像力が見いだした進化の到達点

生物の進化のように、論理だけで推断するのが難しい問題に対しては、生物学者による科学的な議論だけでなく、ＳＦ作家の想像力が大いに参考になることがあります。豊かな想像力にあふれた作品をピックアップしてみました。

✦オールディス『地球の長い午後』の植物が支配する未来

遠い未来に突然タイムスリップしたとき、どうすれば「〝いま〟はいつか」がわかるでしょうか？　文明のレガシーが残っていない場合、生物相を見るというのが、最も有力な手段です（他に、地形や天体、気象の変化を調べるという方法もあります）。家畜が野生化したような動物がいるか、支配種が交代しているかなどが判断基準になりますが、もし生態系の仕組みがまったく異なっていたら、相当遠くまで飛ばされたと覚悟しなければなりません。

遥かな未来の生物をテーマにした究極的なSFが、イギリスの作家ブライアン・W・オールディスによる『地球の長い午後』（1962）でしょう。自転が停止し永遠の昼と夜が続く地球では、大陸全土が1本の巨大な樹木に覆われ、動き回る植物同士が弱肉強食の生存競争を繰り広げています。人類はまだ絶滅していませんが、植物の脅威を避けながら細々と生きる日陰者に成り果てています。

植物がいつか世界を支配するというのは、インドネシアのボロブドゥール遺跡など密林に埋もれた古代遺跡の発見を契機に、19世紀のヨーロッパ知識人が抱いた終末論的なビジョンなのでしょう。『地球の長い午後』は、こうしたビジョンをリアルに具象化しただけでなく、「頭にキノコが寄生することで知性が生まれる」といった鮮烈なアイデアが織り込まれており、宮﨑駿のアニメ『風の谷のナウシカ』をはじめ、多くの作品に影響を及ぼしました。

現在の植物は、光合成によって得られるエネルギーだけで生き延びる生存戦略を採用しています。面積の限られた体表面で受ける光のエネルギーは、動物のように素早く動き回るには足りません。しかし、もし植物同士の捕食が行われるのならば、捕食者・被食者ともに同程度のテンポで動くはずです。向日性のようなゆっくりした動きでも、彼ら自身の観点からはスピーディに感じられるかもしれません。動物の世界とは異なる時間のスケールで、生きるための熾烈な闘争が繰り広げられることになるでしょう。

✦映画『シン・ゴジラ』：変態する巨大生物

現在の地球に存在し得ない生物を想像することで、進化の制約がいかなるものかを考えさせる作品もあります。テレビアニメ『新世紀エヴァンゲリオン』で知られるアニメ作家・庵野秀明が、劇場用映画として原案を練った『シン・ゴジラ』（2016）は、そうした作品の一つと言えます。

1954年の映画に登場した初代ゴジラは、海からやってきて都心を破壊し尽くした後に海へと去っていきます。ガイガーカウンターで被災者の放射能汚染をチェックするシーンがあることから、核兵器や戦争のメタファーと見なすことも許されるでしょう。これに対して、『シン・ゴジラ』は、日本が直面する脅威に対して政府や民間人がどのように対応するかに目を向けた作品です。

この映画はいろいろな面から鑑賞することが可能ですが、私が最も興味を持ったのは、ゴジラが変態する巨大生物として描かれたことです。

変態は、それぞれの段階でどのように行動すべきかまで含めた遺伝子のセットを用意することで、生きるすべを子孫に伝える生存戦略です。このやり方では、遺伝的な行動プログラムが確実に受け渡される一方、生涯の途中で身体を作り替えることによるコストが大きくなります。

両生類は変態する脊椎動物であり、水中で生まれ陸上で動き回ることができますが、水中でのエラ呼吸と陸上での肺呼吸をうまく切り替えなければなりません。大型の動物は、変態のコストが大きくなりすぎるので、脊椎動物で変態するものは、両生類以外にほとんどありません（円口類のヤツメウナギも変態するそうです）。

映画の中で、シン・ゴジラは、放射性物質を大量に取り込んだ結果、遺伝子が傷つけられ予測不能の変態を遂げることになったと説明されます。生物学的にはありそうもない現象ですが、もしかしたら、宇宙のどこかに変態する巨大生物が実在するかもしれません。

✦手塚治虫『火の鳥 未来編』が見つめる永遠の生命

手塚治虫の漫画『火の鳥』は、永遠の生命力を象徴する火の鳥を狂言回しに、人類や生命の存在意義を問い掛ける壮大な連作長編です。「未来編」は、その時間的な終末に目を向けながら、再び始まりへと回帰する可能性をはらんだエピソードです（以下、ネタバレがあります）。破滅的な核戦争によって、人類だけではなく地上のあらゆる生命が絶滅した遠い未来、火の鳥に永遠の命を授けられた科学者は、バイオテクノロジーで人造人間を作って文明を再興しようと試みますが、うまくいきません。結局、彼は、海にわずかな有機物質を投げ入れます。物質進化を経て単細胞生物となり、長い年月の後にいつか知的生命へと進化することを夢見て。

地上の生命全体が絶滅と進化を繰り返す過程を描き出して、読者に圧倒的な感動を与えてくれる傑作です。もっとも、現実の世界は、手塚治虫の想像力よりも、もう少しせせこましいようですが。

地球における生命の進化は、細胞核のない単細胞生物（現在の真正細菌やアーキアに相当）から始まって、細胞核やその他の細胞内器官を有する単細胞生物、単細胞生物の共生から生まれた多細胞生物のように、断続的にステップアップしています。地球では、このステップアップに数億年から十数億年の時間が掛かりました。もし、進化には常にこの程度の時間が必要だとすると、ある惑星に文明を持つ知的生命体が登場するまでに、少なくとも数十億年は掛かることになります。

この数十億年というのは、天文学的な時間スケールと一致します。太陽と同じ大きさの恒星（いわゆるG型主系列星）の場合、その寿命は１００億年前後です。生命はこうした恒星の周囲でしか誕生しないとすると、『火の鳥 未来編』のように、原始的な生命が誕生するところから何度も進化を繰り返すだけの時間的余裕は、ないのです。もしかしたら、太陽よりも少し小さい恒星（K型主系列星）の周りでも、生命が発生できるかもしれません。こうした恒星は、太陽よりもずっと長い数百億年の寿命を持つので、進化が何度か繰り返される可能性があります。ただし、太陽よりも光量が乏しく、また表面温度が低いため個々の光子が持つエネルギー量が小さくなり、物質進化のスピードが遅くなるとも考えられます。

また、恒星の寿命に満たない期間で、生命の進化が途絶える可能性もあります。恒星の発するエネルギーは、内部で起きている核融合の出力に左右されますが、太陽の場合は、あと数十億年でエネルギー発生の効率が上昇すると予想されており、それ以降は、光量が増して海が干上がりそうです。さらに、天の川銀河はアンドロメダ銀河と衝突することが確実視されています。衝突と言っても、銀河内部における天体の密度はきわめて低いので、星同士がぶつかることはほとんどありません。ですが、ガスの密度が揺らいで新たな恒星ができやすくなり、場合によっては、巨大になりすぎた恒星が次々と超新星爆発を起こすこともあります。こうなると、強烈な放射線が飛び交って、近隣の惑星では生命存続の危機となります。

一つの惑星で生命の進化が可能な期間は、限られています。そうなると『火の鳥未来編』で描かれたように、知的生命に至る進化が何度も繰り返される可能性は小さいでしょう。宇宙で知的生命が繁栄する時代は、意外なほど短いのです。

第5章

時間の終わり

1. 壊れていく宇宙の末路

人にはなぜ過去の記憶しかないのか

一般相対論や場の量子論が考案されたことで、時間や空間の解明はかなり進んだと言えます。しかし、これで時間とは何かが理解しやすくなったかと言うと、そうとは限りません。むしろ、以前よりも謎めいてきた面もあります。

例えば、人間はなぜ、過去のことだけ覚えていて、未来の記憶がないのでしょうか。かつては、「過去の出来事は実際に起きたことだが、未来はまだ起きていないから」と答えて済ますことができました。しかし、（大半の物理学者が信じているように）相対性理論が正しいならば、この答えを認める訳にはいきません。

相対性理論によると、時間と空間は別々のものではなく、時空として一体化しており、時間は空間と同じような広がりのはずです。空間の内部で同じような物理現象が生起する場合、場所によってそれが実在するか否かに差が生じることはありません。海岸に波が押し寄せる場合、右側の波は実際に存在するが左側は存在しないという主張は、いかにも奇妙です。だとすると、過去から未来へと波が伝わっていく場合、過去の波は存在するが未来の波はまだ存在しないと言うのも、やはり奇妙なことではないでしょうか。

では、なぜ過去の記憶しかないのでしょうか。そこには、記憶が形成されるメカニズムが関係しています。

記憶は、ニューロン（神経細胞）が構成するネットワークに刻み込まれています。感覚器官などからのシグナルに応じて、ニューロン同士の接続が変化することにより、記憶が形成されるのです。ここで、接続を変化させるには、エネルギーが必要です。地球上の生物の場合、こうしたエネルギーは、太陽からの光を吸収した高エネルギー分子を介して獲得します。

ところが、太陽などの恒星は、宇宙の始まりがビッグバンという整然とした高エネルギー状態だったことによって作られたものです。時間軸においてビッグバンに近い側で形成された恒星は、ビッグバンから遠ざかる方向に向かって、光の形でエネルギーを周囲にばらまいています。このエネルギーの流れを利用して記憶を形作っているのですから、ある瞬間にアクセスできる記憶は、すべて時間軸でビッグバンに近い側、すなわち、過去の情報に限定されることになります。

人間の記憶にあるのが過去のことだけなのは、過去しか存在しないからではありません。過去の記憶しか形成できないので、過去だけが存在すると思い込んでいるのです。

人間は宇宙に生かされている

記憶だけではありません。あらゆる生命活動は、太陽からのエネルギーによって駆動されているのです（地熱による化学反応を利用するチューブワームなど、ごく稀な例外はありますが）。意識がいかなる過程か、いまだ科学で解明できていませんが、エネルギーの供給がないと意識が失われることから、これも物理的な現象として説明できると期待されます。

太陽光のエネルギーを吸収した高エネルギー分子によって、神経興奮など高度な生命活動が行われた後、余分なエネルギーは主に熱となって体外に放出され、最終的には赤外線の形で宇宙空間に放出されます。光子に集中していたエネルギーが広い範囲に散逸するので、全体として見ると、エントロピーが増大する過程になっています。

太陽のような恒星が、高度な生命活動を支えられるほど大量の光を放出できるのは、ビッグバンからせいぜい数百億年といった〝短い〟期間でしょう。整然とした高エネルギー状態から始まった宇宙は、物質の中に一時的に残留していたエネルギーを周囲にばらまきながら、しだいにエネルギー分布の偏りが均されていき、新たな現象が何も起きない状態へと変化します。その際、恒星の発する光が低温の海に降り注ぐことによって、一方的にエントロピーが増大するだけの世界の片隅に、一瞬、局所的にエントロピーが減少する状況が生じます。それが生命の活動です。人間の文明も、その中に完全に含まれるのです。

人間は、自分たちが自立した存在で、意志に基づいて行動すると思っているかもしれません。しかし、現実には、人間は宇宙に生かされる存在なのです。

宇宙は永遠、されど……

宇宙という語は、空間を表す「宇」と時間を表す「宙」を組み合わせて、空間と時間を合わせた世界を表すという説があります。それが事実ならば、「空間と時間は一体化した時空を構成する」という現代物理学的な世界観と相通じるものがありそうです。

宇宙に関しては、現在、さまざまな探査機器によって猛烈な勢いで観測データが集められつつあります。それでも、空間の全体的な構造は、まだ判明していません。観測されている範囲内では、大きなゆがみのない、ほとんどユークリッド空間に近い状態だと言えるだけです。空間が無限に広がっているのか、あるいは、(アインシュタインが提案したモデルのように) まっすぐに進んでいくといつの間にか元の地点に戻ってしまうような有限な広がりしかないのか、何とも言えないのが現状です。

空間に比べると、時間方向の構造については、かなりわかってきました。ただし、ビッグバン以前については不明な点が多いので、議論しません。もしかしたら、この時期に無数の宇宙が誕生して、世界が〝ユニバース〟ではなく〝マルチバース〟になっているのかもしれませんが、そう主張するだけの根拠がほとんどないので、触れないでおきます。

「ビッグバン以降、宇宙は壊れていく一方だ」というのが通説です。この説に従うと、一般相対論に基づく空間膨張が加速し、その結果としてエネルギー密度と温度が下がっていくため、最終的には、物質が消滅し何も起きなくなると予想されます。

空間膨張の加速度が変化するという学説もあります。加速度がどこまでも増加していき、最後は物質がちぎれてバラバラになる可能性があると主張する物理学者もいます。とは言え、理論的に可能だというだけで、観測データによって支持される訳ではありません。また、膨張が止まって収縮に転じ、最後は無限小まで縮んで宇宙全体が消滅するという説が提唱されたこともありますが、そういう理論も作れるというだけの話です。宇宙が膨張と収縮を繰り返す振動宇宙論は、かなり特殊な理論を前提としなければ成り立ちません。

通説に従えば、宇宙は永遠に膨張し続けます。しかし、ある時期以降、宇宙はどんどんと寂しくなっていきます。

多くの恒星は、せいぜい数百億年で核融合に必要な燃料を使い尽くして、光らない天体となります。赤色矮星の中には、数兆年も核融合を続けるものがありますが、ほとんど光らないままかすかに熱を放出し続けるだけです。惑星は、赤色巨星へと肥大化した恒星に呑み込まれるか、弾き出されて宇宙空間を放浪する漂流天体になります。

銀河も崩れていきます。中心部に存在する超巨大ブラックホールが多くの天体を呑み込み、それ以外の天体は外部に放り出されます。宇宙空間を放浪する天体も、永遠ではありません。ビッグバンのエネルギーを内側にとどめていた陽子や中性子は、10の何十乗年という悠久の時が流れるうちに崩壊し、原子は壊れ天体は散り散りになります。ブラックホールは、さらに長い期間にわたって存在し続けますが、（ホーキングの理論が正しければ）いつかは大量のエネルギーを放出して〝蒸発〟します。

宇宙は永遠ですが、物質には有限の寿命しかありません。

2. 人間と時間

永遠の宇宙と一瞬の人生

宇宙に比べると、人間はあまりに卑小です。

ビッグバンからたった百数十億年しか経っていない――宇宙の誕生直後と言って良い――時期に、ほとんど一瞬の人生を送るだけです。そもそも物質的な存在は、宇宙全体のほんの一部でしかありません（太陽の直径が１００万キロメートルなのに対して、隣の恒星までの距離が40兆キロメートルもあることを思い出してください）。宇宙の巨大さと比較すると、人間は、時間的にも空間的にもちっぽけな存在です。そのことは、宇宙が人間に与える影響力に見て取ることができます。

物質は、ビッグバンで放出されたエネルギーの一部が、共鳴状態を形成し散逸せずに残ったものです。ビッグバンの残滓《ざんし》と言っても良い物質が凝集して天体を形成し、大量の光を放出するのは、物質内部に偏っているエネルギーを宇宙空間にばらまいて平準化する過程ですが、その際に惑星表面に湛えられた低温の海に降り注ぐと、一時的なエントロピーの減少を引き起こして生命の誕生を可能にします。

生命や人間は、タブラ・ラサと言うべき状態として始まった宇宙が、物理法則に従って壊れていくのに伴う、ささやかな随伴過程の中で生まれました。宇宙がとてつもなく巨大であるからこそ、〝おまけ〟のような出来事の中に生命がうごめくことができたのです。

宇宙の「いま」と人間の「いま」

もっとも、人間の側からすると、宇宙が体現するのは巨大な空虚だと言いたくなるかもしれません。広大な宇宙空間の大部分は、ほとんど物質のない冷え切った世界ですし、宇宙が永遠に続いたとしても、ある時期以降は生命を生み出すことのない寂しい歴史になります。宇宙に比べると、人間は圧倒的に充実した存在なのです。

何よりも、宇宙の時間と人間の時間では、「現在」の持つ意味がまったく違います。

宇宙の歴史において、あらゆる時間は同等です。生命が繁栄するビッグバン直後の時期も、生命どころか天体すらなくなった遠い未来も、時間軸における広がりとして差はありません。

しかし、人間にとっては、時間ごとにはっきりとした格差があります。特に、自分に意識がある時間とそうでない時間は、別物と言って良いほど異なっています。

意識が生じている大脳の内部では、(情報理論的な意味で)複雑な神経興奮が持続しています。神経興奮は、個々の部分を分子レベルで観察すると、細胞膜をイオンが出たり入ったりする単純な物理過程でしかありません。しかし、大脳において膨大な数のニューロンが複雑に相互作用しながら持続的に興奮する状態は、個別的な過程とは質的に異なっており、物理学で「協同現象」と呼ばれる過程になります。

少し高度な話になるので、詳しい説明は省略しますが、協同現象とは、全体的な振舞いがまるで特定の目的を目指しているかのように見える物理過程です。最もシンプルな協同現象は磁石の磁化で、小さな磁石である原子がすべて同じ方向に揃おうとします。人間の場合、太陽からの光と量子効果によって、物理法則に従っているにもかかわらず、合目的的とも言える現象が生じます。

人間が意識する「現在」とは、大脳で協同現象が起きている特別な時間なのです。

人間は4次元的存在である

この宇宙の運命は、始まったときにすでに決まっています。ビッグバンの時点でエネルギー密度などの物理量が与えられると、その後の空間の膨張や温度の低下が、物理法則に従って決定されます。

こうした宇宙の運命に手を加えることは、人間にはできないでしょう。時空がゴムのように伸縮するとは言っても、人間が操れるエネルギー程度では、目に見えるほどの変化を生み出すことはできません。太陽系の近くに巨大なワームホールが存在すれば、過去に戻るタイムマシンを作ることが可能かもしれません。しかし、そんなワームホールは見つかっていませんし、標準的な学説の範囲では、存在しそうもありません。

医療技術が進歩すれば、寿命を数十年延ばすことも夢ではないはずです。しかし、エントロピーが増大するという基本法則に逆らうことはできず、太陽からの光の流れをうまく利用して、ほんの少しだけ人間のために役立てられるにすぎません。クローンやサイボーグなどの技術を使っても、何百年もの延命を実現するのは困難ですし、意識を頑丈なハードウェアに移植して死を克服することは、永久に不可能でしょう。

宇宙全体の歴史を通観すると、整然とした高エネルギー状態が崩れていく過程と見なせます。恒星が発する光によって、一時的に秩序が形成されることもありますが、それもほんのひとときで終わります。宇宙の時間は永遠の長さを持ちますが、そのほとんどは命のないむなしい時間です。

人間は、壊れゆく宇宙の中で何もできない存在です。宇宙は圧倒的に巨大なエネルギーによって変動しており、人間のささやかな努力では、その変動を制御することはできません。

しかし、人間は、宇宙を変えることはできなくても、宇宙を知ることができます。そうした知見は、例えば、人間にとって時間が何であるかを教えてくれます。宇宙は何も知りません。

アインシュタインは、晩年に記したコメントの中で、相対性理論に基づく世界観によれば、「現在」という概念が客観的な意味を失うことを指摘しました。その上で、物理的実在とは3次元空間の内部で時間変化するものではなく、時間と空間の双方に広がる4次元の存在と考えるべきだと主張しています。

この考え方は、人間にも当てはめることができます。自分という人間は、いつか死んで消え去るのではありません。「いまここに」生きているという事実は、決して揺るがない絶対的なものであり、その意味で時間を超越して生きるのです。

人間とは、誕生から死に至るまでの4次元的な広がりを持った存在です。崩れていく宇宙が最も華やかな一瞬に、ささやかですが確固たる地歩を占めており、宇宙や時間、あるいは、自分の生と死について、何かを知ることができるのです。

《ＳＦに描かれた時間５》

人間のスケールを超えて

ＳＦと言っても、大半は科学の話題を一種のガジェットとして利用するだけで、作者の興味は人間の振る舞いに向けられています。しかし、個々の人間に執着するのではなく、世界のあり方そのものに目を向けた作品も、少数ながらあります。

✦ステープルドン『スターメイカー』が描き出す世界の根源

人間のスケールを遥かに超え、宇宙的規模の時間と空間を描く最も壮大なＳＦは、イギリスの作家オラフ・ステープルドンが１９３７年に発表した『スターメイカー』でしょう。主人公が肉体を離脱して世界を見つめるという設定で、時間や空間の桎梏《しっこく》を超越し、宇宙におけるさまざまな文明の興亡と天体の生成・消滅を描き出します。終盤になると、多数の個体から構成された集合的意識が形成され、宇宙全体の生と死を眺めるところまで視野が広がります。

当時すでに、知識人の間では相対性理論の知識が広まり、膨張宇宙論に関する啓蒙書も刊行されていましたが、ステープルドンは、そうした最先端の知見を取り入れながら、独自の世界観を構築しています。また、きわめて高度な段階に達した文明が、恒星全体を包むネットを建造して光のエネルギーを利用するという、後にフリーマン・ダイソンが提唱したダイソン球のアイデアを先取りする描写もあります。

物語性は乏しく、さしずめ著者の文明論と世界観を語る哲学書といった趣で、必ずしも楽しめる作品ではありません。しかし、アーサー・C・クラークやスタニスワフ・レムなど、後世の作家に与えた影響は絶大です。たまには社会のしがらみを忘れて世界の根源に目を向けたいと思う人に、おすすめです。

*ロバート・A・ハインライン『夏への扉』福島正実 訳、早川書房、2010年
筒井康隆『時をかける少女』角川書店、1976年 ほか単行本多数
映画『時をかける少女』監督：大林宣彦、1983年
映画『時をかける少女（アニメ）』監督：細田守、2006年
映画『バック・トゥ・ザ・フューチャー』監督：ロバート・ゼメキス、1985年
ゲーム『Steins;Gate』ゲームシナリオ：林直孝、2009年
テレビアニメ『Steins;Gate』監督：佐藤卓哉／浜崎博嗣、2011年
テレビアニメ『涼宮ハルヒの憂鬱（第2期）』総監督：石原立也、2009年

【時間と生命】
トマス・ピンチョン『スロー・ラーナー』佐藤良明 訳、新潮社、2010年
テッド・チャン『息吹』大森望 訳、早川書房、2019年
*テッド・チャン『あなたの人生の物語』浅倉久志 ほか訳、早川書房、2003年
ブライアン・W・オールディス『地球の長い午後』伊藤典夫 訳、早川書房、1977年
手塚治虫『火の鳥 未来編』初出：『COM』1967-1968年、単行本多数
他に「黎明編」「ヤマト編」「宇宙編」「鳳凰編」など
映画『ゴジラ』監督：本多猪四郎、1954年
映画『シン・ゴジラ』総監督：庵野秀明、2016年
テレビアニメ『魔法少女まどか☆マギカ』監督：新房昭之、2011年

【宇宙の時間】
グレッグ・イーガン『クロックワーク・ロケット』2015年、『エターナル・フレイム』2016年、『アロウズ・オブ・タイム』2017年、いずれも山岸真／中村融 訳、早川書房
オラフ・ステープルドン『スターメイカー』浜口稔 訳、国書刊行会、2004年
*オラフ・ステープルドン『最後にして最初の人類』浜口稔 訳、国書刊行会、2004年
映画『インターステラー』監督：クリストファー・ノーラン、2014年
*映画『コンタクト』監督：ロバート・ゼメキス、1997年
テレビドラマ『スタートレック』1966年 -

怪しげな）解説がありますが、いっそ原論文7に挑戦する方が良いかもしれません。ソーンの議論に対するホーキングの批判は8で紹介されるものの、超が付くほど難解。9はドイッチ（ドイッチュ）によるタイムマシンの独自解釈です。

【第4章】

10 シュレーディンガー『生命とは何か　物理的にみた生細胞』岡小天／鎮目恭夫 訳、岩波書店、2008年

11 ベンジャミン・リベット『マインド・タイム 脳と意識の時間』下條信輔／安納令奈 訳、岩波書店、2005年

12 銭卓「記憶力増強マウスの誕生」日経サイエンス2000年7月号28ページ

13 産総研ホームページ・研究成果記事一覧「白亜紀の海底堆積物で微生物が生きて存在していることを発見」2020年7月29日

10は生命活動と物理法則の関係を論じた古典で、「負のエントロピー」といった誤解されやすい用語を使っていますが、光の重要性を強調する点は本書と同じです。12は、成長期の記憶力が維持されるマウスについての報告。

【第5章】

14 アルベルト・アインシュタイン「相対性と空間の問題」『アインシュタイン選集3』（湯川秀樹 監修、中村誠太郎／井上健 訳編、共立出版、1972年）所収

おすすめのSF

本文中で取り上げたものを中心に、同系列の作品（* を付けました）を加えて、おすすめのSFを紹介します。

【時間移動】

H・G・ウェルズ『タイム・マシン』石川年 訳、角川書店、1966年 ほか単行本多数

ロバート・A・ハインライン『時の門』福島正実 訳、早川書房、1985年

ロバート・A・ハインライン『輪廻の蛇』矢野徹 訳、早川書房、2015年

参考文献

【第1章】

1 ガリレオ・ガリレイ『新科学対話 下』今野武雄／日田節次 訳、岩波書店、1948 年

2 アイザック・ニュートン『プリンシピア　自然哲学の数学的原理　第1編　物体の運動』中野猿人 訳・注、講談社（ブルーバックス)、2019年

3 アルベルト・アインシュタイン「光の伝播に対する重力の影響」『アインシュタイン選集 2』(湯川秀樹 監修、内山龍雄 訳編、共立出版、1970 年）所収

4 トーマス・デ・パドヴァ『ケプラーとガリレイ　書簡が明かす天才たちの素顔』藤川芳朗 訳、白水社、2013 年

5 キップ・S・ソーン『ブラックホールと時空の歪み　アインシュタインのとんでもない遺産』林一／塚原周信 訳、白揚社、1997 年

1 ～ 3 は近代的な時間概念の原点となるもので、1 の後半における実験記録､2 の冒頭に記される定義は、特に重要です。3 では、本書で紹介したエレベータ実験から出発し、一般相対論の基本的アイデアが提出されます。

【第2章】

6 カルロ・ロヴェッリ『時間は存在しない』冨永星 訳、ＮＨＫ出版、2019 年

「時間の流れ」とされるものの正体を論じた書物です。

【第3章】

7 M.S.Morris, K.S.Thorne, and U.Yurtsever, 'Wormholes, Time Machines, and the Weak Energy Condition,' Physical Review Letters, Vol.61, 1988, 1446-1449

8 スティーブン・W・ホーキング『時間順序保護仮説』佐藤勝彦 解説・監訳、ＮＴＴ出版、1991 年

9 D・ドイッチ／M・ロックウッド「タイムマシンの量子物理学」日経サイエンス 1994 年 5 月号 64 ページ

ワームホールを利用したタイムマシンについては無数の（しばしば

著者略歴

吉田伸夫（よしだ・のぶお）

1956年生まれ。東京大学理学部卒業、同大学院博士課程修了。理学博士。専攻は素粒子論（量子色力学）。科学哲学や科学史をはじめ幅広い分野で研究を行っている。著書に『明解量子宇宙論入門』『完全独習相対性理論』『宇宙を統べる方程式』（以上、講談社）、『宇宙に「終わり」はあるのか』『時間はどこから来て、なぜ流れるのか？』（以上、講談社ブルーバックス）、『光の場、電子の海』（新潮選書）、『科学はなぜわかりにくいのか』『人類はどれほど奇跡なのか』（以上、技術評論社）、『量子で読み解く生命・宇宙・時間』（幻冬舎新書）などがある。

SB新書　656

「時間《じかん》」はなぜ存在《そんざい》するのか

最新科学《さいしんかがく》から迫《せま》る宇宙《うちゅう》・時空《じくう》の謎《なぞ》

2024年6月15日　初版第1刷発行

著　者　吉田伸夫《よしだのぶお》
発行者　出井貴完
発行所　SBクリエイティブ株式会社
〒105-0001　東京都港区虎ノ門2-2-1

装丁／本文デザイン　杉山健太郎
カバーイラスト　三平悠太
DTP／目次・章扉／本文デザイン　アーティザンカンパニー株式会社
校　正　有限会社あかえんぴつ
編　集　大澤桃乃（SBクリエイティブ）
印刷・製本　中央精版印刷株式会社

本書をお読みになったご意見・ご感想を下記URL、
または左記QRコードよりお寄せください。
https://isbn2.sbcr.jp/22169/

落丁本、乱丁本は小社営業部にてお取り替えいたします。定価はカバーに記載されております。
本書の内容に関するご質問等は、小社学芸書籍編集部まで必ず書面にて
ご連絡いただきますようお願いいたします。

ISBN 978-4-8156-2216-9